U0927741

职业教育餐饮类专业教材系列

西式烹调实训

（第二版）

主　编　李　晓
副主编　张　浩　张振宇　刘　雄

科 学 出 版 社
北　京

内 容 简 介

本书注重理论和实践相结合，全面、系统地介绍了西式菜肴设计与创新的方法和思路，西式开胃菜、西式汤菜、西式海鲜主菜、西式畜肉类主菜、西式禽类主菜、西式配菜、西式早餐蛋类、西式甜品等西式菜肴制作的知识和技能。

本书既可作为职业教育餐饮类专业的教材，也可作为西餐专业人员和西餐爱好者的参考书。

图书在版编目(CIP)数据

西式烹调实训/李晓主编. —2 版. —北京:科学出版社,2021. 1
(2024. 2 修订)
(“十四五”职业教育国家规划教材·职业教育餐饮类专业教材系列)
ISBN 978-7-03-065546-2

Ⅰ. ①西…　Ⅱ. ①李…　Ⅲ. ①西式菜肴-烹饪-高等职业教育-教材
Ⅳ. ①TS972. 118

中国版本图书馆 CIP 数据核字(2020)第 106655 号

责任编辑：任锋娟　王　琳 / 责任校对：赵丽杰
责任印制：吕春珉 / 封面设计：金舵手世纪

科学出版社 出版
北京东黄城根北街 16 号
邮政编码：100717
http://www.sciencep.com

三河市骏杰印刷有限公司印刷
科学出版社发行　各地新华书店经销

*

2016 年 1 月第 一 版　开本：787×1092 1/16
2021 年 1 月第 二 版　印张：10 3/4
2024 年 2 月第六次印刷　字数：280 000

定价：60.00 元

（如有印装质量问题，我社负责调换〈骏杰〉）
销售部电话 010-62136230　编辑部电话 010-62135235（VP04）

第二版前言

近年来，随着我国人民消费观念的变化，西餐已逐渐被大众所接纳。中国全社会开放的国际化文化氛围是西餐业快速发展的强大推动力。中国的西餐市场具有很强的包容性，除了咖啡厅、酒吧，还吸纳了法餐、意餐、俄餐、美餐、德餐、拉美餐、东南亚餐、日餐、韩餐、混合餐、西式快餐、非洲餐、比利时餐、英餐、希腊餐、西班牙餐、土耳其餐等特色，形成了多种业态在西餐市场中共同发展的现状。每种业态都有相当一部分的消费人群在追捧，使西餐的消费出现了多层次、多品种的局面，表现出十分活跃的生命力。而目前新开西餐餐厅及连锁餐厅数量还在不断增加。西餐和中餐一样，有着多样性，从各个方面满足了人们对吃的不懈追求。西餐市场的不断扩大，各餐饮企业都需要一支高素质的服务、管理人员队伍。西餐企业从品牌包装到环境营造及菜品制作，也对从业人员提出了更高的要求，迫切需要具备西餐专业基础知识和基本技能的复合型人才。

《西式烹调实训》第一版自 2016 年 1 月出版以后，经过国内众多职业院校使用，受到不同的好评，并列入“十二五”职业教育国家规划教材。为了更好地发挥国家规划教材的作用，我们不断加强西餐职业技能教育课程体系的建设，以《西式烹调实训》的实践技能结构体系为支撑，于 2017 年 7 月成功申报了四川省第二批高等学校省级精品在线开放课程“西餐工艺与西菜制作”，并建设了该课程的省级精品在线开放课程平台，录制了相关知识点的全程授课录像，并制作了相关数字教学资源。2020 年 11 月经过建设再次成功申报了四川省首批省级线上线下混合式一流本科课程“西餐制作技术”。这些线上课程的立体化教学资源，我们以二维码的形式收入于本书的知识点中，同时也可以在学银在线课程平台上查找到本课程对应的立体化教学资源，如教学课件、教学视频、案例、题库、作业、测试、互动在线讨论等，充分满足了纸质教材的数字化改造，形成可听、可视、可练、可互动的数字化教学新模式。（学银在线课程平台：https://www.xueyinonline.com/detail/219320582）。

为使本书更加符合当前西餐市场发展的新趋势，与西餐职业资格证书的业务技能操作标准相配套，我们对全书内容也做了进一步修订和补充，以科学性、实用性和操作性为原则，为读者提供了大量实操案例，具有一定的理论深度和操作特色，以期为职业院校餐饮专业学生打下坚实的理论基础，帮助学生掌握更多的实操技能，为他们将来走向社会创造更多的职业机会。本书由四川旅游学院烹饪学院李晓担任主编；四川旅游学院烹饪学院张浩、张振宇，重庆商务职业学院刘雄担任副主编，参与编写工作的还有南宁职业技术学院朱照华；贵阳市女子职业学校钱鹰。具体编写分工如下：刘雄编写项目一，张浩编写项目二、项目四，张振宇编写项目三、项目六，朱照华编写项目七，李晓编写项目五、项目八，钱鹰编写项目九。全书由李晓负责提纲的设计、总纂和统稿工作。

本书再版坚持原书既有的指导思想，以满足各类院校和培训机构对西餐烹调基础知识和技能教育培训的需要。由于编者水平有限，且书中涉及的内容很广，难免存在错漏和不妥之处，希望广大读者不吝指正，以便我们进一步做好修订工作。

本书在编写过程中，参考了许多相关的文献和书籍，编者在此对这些参考文献的作者表示感谢。

第一版前言

随着我国人民生活水平的日益提高和中西文化的不断交融，西餐在国内普及的程度越来越高，人们已经开始习惯了享受西餐带来的温馨、浪漫和精致的格调，可以看出，西餐已经成为一种社会流行的时尚餐饮趋势。

为适应时代发展的需要，满足人们了解西餐、学习西餐菜肴制作工艺的需求，同时为各职业院校的“西餐工艺”教学提供专业的指导书籍，我们有针对性地组织编写了《西式烹调工艺》与《西式烹调实训》职业教育系列教材。本书被列为“十二五”职业教育国家规划教材。

本系列教材在坚持科学性和系统性的前提下，具有非常鲜明的特色，注重理论和实践的结合，将传统西餐烹饪教学分为《西式烹调工艺》理论知识课程教学模块和《西式烹调实训》实践应用课程教学模块两大体系。

其中，“西式烹调工艺”与“西式烹调实训”这两门课程的教学和教材体系是相辅相成、互为递进、补充的关系。通常相关烹饪专业学生在入学后经过一学期系统地学习“西式烹调工艺”课程以后，再通过一学年的时间来完成“西式烹调实训”课程的学习。

相关教学模式建议如下。

1.“西式烹调实训”课程的教学对象

本课程适用于从事食品、烹饪、餐饮服务等相关专业的大中专职业院校学生。

2.“西式烹调实训”课程的教学目的

本课程以《西式烹调工艺》为理论基础，重点培养学生的实践操作技能，使学生在学习西式烹调工艺理论知识的基础上，了解西餐厨房中常用设备的使用方法，熟悉西式菜肴的制作流程，掌握西式菜肴的选料、加工、配菜、烹制、调味和装盘等操作技能，学会正确的烹制方法和流程、成本核算和组配的原则，养成良好的职业习惯，具备西餐专业人员的基本素质。

3.“西式烹调实训”课程的教学内容

本课程系统地介绍了西餐中常见西式菜肴的来历、外文名称、原料组成、工序流程、制作方法、菜肴特点、操作要领、菜肴变化和西餐厨房设备与用具的使用方法等，包括以下具体内容：

（1）西式菜肴设计与创新。

（2）西式开胃菜制作与实训。

（3）西式汤菜制作与实训。

（4）西式海鲜主菜制作与实训。

（5）西式畜肉类主菜制作与实训。
（6）西式禽类主菜制作与实训。
（7）西式配菜制作与实训。
（8）西式早餐蛋类制作与实训。
（9）西式甜品制作与实训。

4．“西式烹调实训”课程教学学时安排建议

根据不同专业的需要，本课程学时安排具有一定的灵活性。若针对烹饪专业的学生，建议使用 2 个学期共 160 学时的时间来进行教学，建议参考教学学时数如下表所示。

项目	理论讲授、实践展示操作（示范和实习）/学时
项目一　西式菜肴设计与创新	10
项目二　西式开胃菜制作与实训	20
项目三　西式汤菜制作与实训	20
项目四　西式海鲜主菜制作与实训	20
项目五　西式畜肉类主菜制作与实训	20
项目六　西式禽类主菜制作与实训	20
项目七　西式配菜制作与实训	20
项目八　西式早餐蛋类制作与实训	10
项目九　西式甜品制作与实训	20

5．“西式烹调实训”课程教学中学生需掌握的拓展知识

1）必备知识与技能
（1）中、西餐原料学知识。
（2）西餐专业英语知识技能。
（3）厨师职业规范知识与技能。
（4）食品安全知识。
（5）厨房消防安全知识与技能。
2）选修知识与技能
（1）中、西餐饮食文化知识。
（2）HACCP 食品安全管理体系在餐饮业的应用。
（3）西餐专业法语知识技能。
（4）西餐餐台服务与礼仪。
（5）烹饪艺术与美化。
（6）食品营养学知识。

本书编写中，注重课程教学目标的定位和建设，包括课程教育教学目标定位，与高职高专专业人才培养的目标相契合。注重教学方法的多样性，以任务驱动为教学手段，重视对教学资源的合理使用和维护，加强课程教学和实训的目标效果，重视学生独立实

践和应用应变能力，体现了现代西式烹调教学注重高质量技能型人才和高端技能型人才培养的原则。

本书编者均为长期从事酒店管理、西餐专业和教学工作，有丰富的餐饮行业经营管理经验和专业教学经验。他们多次出访或留学法国、美国、日本等酒店、餐厅、院校和餐饮企业，具备良好的管理技术、企业经营能力和较高的教学水平。因此与同类型的国内书籍比较，本书具有较强的理论性和实用性。

本书作为“十二五”职业教育国家规划教材，既可以以教学为主，适用于广大职业院校餐旅管理与服务类专业学生，也可以作为成人教育等有关职业培训的教材和参考书，同时也可以作为西餐从业人员、家庭主妇及西餐爱好者的参考图书。

本书由李晓担任主编，负责教材提纲的设计、总纂和统稿工作；张浩、张振宇、丁辉担任副主编。具体编写分工如下：四川旅游学院食品科学系李晓编写项目五、项目八；四川旅游学院食品科学系张浩编写项目二、项目四、项目九；四川旅游学院食品科学系张振宇编写项目三、项目六；青岛新南国际度假酒店总经理史汉麟编写项目一；武汉商学院烹饪与食品工程学院丁辉编写项目七。

本书内容来源于四川省教育厅2014年度自然科学科研项目课题（14ZB0298）“新型披萨酱的研发和应用研究”，特此感谢。

在编写过程中，编者参考了许多相关资料，在此向所选用资料的原作者表示诚挚的感谢。

本书编写中得到了成都毓秀苑宾馆总经理赵艳斌女士，法属塔希提酒店管理学院西餐教授、让-雅克教授等专业人士的指导和帮助，特此表示感谢！

由于编写时间仓促，受编者水平所限，书中难免存在疏漏和不足之处，敬请专家、同行和广大读者批评指正，不胜感谢。

目　　录

西式菜肴设计与创新

西式菜肴装饰与创新

项目导读

随着现代食品科技新技术的发展和设备的更新，今天的西式厨房已经和传统的埃斯科菲时代大不一样了，尽管基础的烹饪理念和烹饪原则没有变化，但是现代厨师的创新力和创造力已经使现代烹饪具有了新的表现形式和创意，因此通过本单元的学习，在明确传统西式烹饪技法的基础上，学习现代烹饪的新理念、新工艺和发展趋势，开拓思维，创新发展，在继承中展现新思维、新形态，对于西餐菜肴设计与创新有积极的促进作用。

理论学习目标

（1）了解并熟悉西餐传统烹饪的特点。

（2）了解并熟悉西餐各国菜肴风格的特点。

（3）了解并学习现代西餐餐饮发展的动态和趋势。

（4）学习并掌握西餐传统经典菜肴的设计理念、种类和特点。

（5）理解传统西式烹调与现代西式烹饪之间的发展变化与联系。

实践应用目标

（1）掌握现代西餐创新菜肴的设计理念、原则和方法。

（2）强化学生们的西餐专业知识，深化西餐专业技能，增强学生独立设计与创新西餐菜肴的技能。

（3）拓展思维，从食材选用、烹饪技法的变化和菜肴风味更新出发拓展西菜设计与创新的理念。

（4）在融合创新设计中，融入最新的行业数据和信息，结合产业所需，所学技能知识，产教融合，科学定位，为下一步的开拓创新打下坚实基础。

德育修养

（1）培养学生认真负责、严谨细致的工作态度和作风，形成爱岗敬业、诚实守信、吃苦耐劳的职业道德。

（2）通过对新时代各类新食材特点的了解和学习，拓展思维，洋为中用、中西融合，从食材应用、风味融合等方面拓宽西式烹调食材的应用范围，达到推广我国优秀原料食材、宣传我国优秀饮食文化，推动振兴乡村经济，树立大国形象，达到文化自信、扩大西菜应用的范围，展示出良好的家国情怀与精神。

学习目标

了解并熟悉西式菜肴传统烹饪的特点，各国西式菜肴风格的特点，现代西式菜肴发展的动态和趋势，西式传统经典菜肴的设计理念、种类和特点。

学习并掌握现代西式创新菜肴的设计理念、原则和方法，从而强化学生的西餐专业知识和技能，增强学生独立设计与创新西式菜肴的技能。

菜肴的更新、创新和发展来源于对经典传统菜肴的继承和发扬，来源于尊重传统、重视传统。从根本上讲，继承传统与发展创新是一致的。经典和传统离开了发展创新，就会缺乏生机与活力，不可能流传久远；发展创新离开了对经典和传统的继承，就失去了坚实的根基，成为无源之水、无本之木，甚至迷失方向。因此继承经典和传统与发展创新的辩证统一关系，决定了在继承经典和传统的时候必须坚持发展创新，在发展创新中必须继承和弘扬经典和传统。这里首先介绍西式传统经典菜肴的类型和特点。

一、概述

（一）西式菜肴的分类

1. 主要风味

西餐通常以法国、意大利、美国、英国、俄罗斯、德国等国家的特色菜肴为代表，同时，希腊、西班牙、葡萄牙、荷兰、瑞典、丹麦、匈牙利、奥地利、波兰等国家的菜肴也是西式菜肴的重要组成部分，并有着浓郁的地方特色。其中影响较大的菜式有法国菜、意大利菜、英国菜、德国菜、俄罗斯菜、北美菜（美国菜、墨西哥菜）。

2. 菜肴风味特点

1）法国菜

法国菜在现代欧洲菜中担任主要角色。国际性宴会上经常供应精致的、类似宫廷菜的法国菜。一流饭店和餐厅的菜单组合及用餐方式，也都是以法国菜为蓝本。法国厨师以其高超的烹饪技术享誉天下。现代的法国菜可以分成两大潮流：一个是沿袭宫廷风格的高级路线；另一个是由法国的风土与历史孕育的地方菜路线。

法国菜用料十分讲究，取料十分广泛，并且加工十分精细。肉类按档取料，水产品要求鲜活，蔬菜水果都要求新鲜。肉类、鱼类、禽类、菌类、贝类均可入菜，经常使用的有牛排、羊排、比目鱼、鹅肝、黑菌、牡蛎、蜗牛、鸽子、洋蓟、鲜蚕豆、奶制品等。法国菜菜肴追求装饰，色彩搭配高雅。

法国菜讲究原汁原味、突出原料自身的味道，重视基础汤汁的制作和运用。烹制什么菜就用什么原料的基础汤汁，最大程度上突出了原料的特殊风味。例如，制作牛清汤就用牛基础汤，制作鱼汁就用鱼基础汤，制作羊肉菜肴就用羊基础汤等。同时法国菜追求鲜嫩。如蔬菜要求鲜脆，牛排通常 3～5 成熟，牡蛎一般都生吃。法国菜的营养搭配十分合理，每顿正餐都有一定规格，畜、禽、水产、蔬菜、水果合理搭配，兼具人体所需的脂肪、蛋白质、碳水化合物、无机盐和维生素等各种营养成分，营养均衡。

法国菜在烹调时重视酒的使用，因为法国盛产酒，品种多、质量佳，所以享有得天独厚的条件。在烹调中大量使用酒以助调味，讲究做什么菜用什么酒，如鱼类用白葡萄酒，海产品用白兰地酒、香槟酒、茴香酒，畜类用红酒，野味用钵酒等。

2）意大利菜

意大利菜也是西餐的重要流派，对其他许多国家菜式具有深远影响，可以说是西餐的发源地。

意大利优越的地理条件使意大利的农业和食品工业都很发达，其食品中的面条、奶酪、风干火腿、色拉米肉肠著称于世。他们擅长制作海鲜，口味浓淡相宜，烹调时喜用橄榄油、橄榄、番茄、番茄酱、大蒜、奶酪、香草等作调味料，同时也重视酒的运用。汤类也十分闻名。

意大利菜讲究突出原料自身的味道，如在制作沙拉时，经常只使用非常简单的两三种调料直接调味，以突出原料的鲜美，而在制作肉类等菜肴时，多喜用红烩、煎、扒等烹调技法，肉类菜肴也多做至全熟，并喜欢用奶酪。

13 世纪意大利旅行家马可·波罗把中国的面条传到意大利，目前意大利菜以面食著称，面条类品种多达 140 多种，制作方法多样、口味丰富。另外意大利大米（Risotto）是意大利的特产，其制作方法也多达几十种，同时意大利玉米粉（Polenta）、各种豆类也在意餐中被广泛使用。此外，还有各种意式馄饨、比萨饼等菜肴。

3）英国菜

1066 年，法国的诺曼底公爵继承了英国王位，给英国带去了法国和意大利的饮食文化，为英式菜的发展打下了基础。英国人不像法国人那样崇尚美食，因此英国菜相对来说比较简单，但英式菜中早餐却很丰富，号称“big breakfast”，即丰盛早餐的美称，受到西方各国的普遍欢迎。

英国菜普遍较为清淡、少油，菜肴追求鲜嫩，制作方法较为简单。有些菜肴采用清汤煮的烹调方式，不太重视调味料的使用，强调突出原材料自身的味道。烹调通常不采取太复杂的加工技法，原料形体较大，出品简洁大方，菜肴不做过多的装饰。

英国人喜欢把调味品放在餐桌上自取调味，餐桌上通常摆放的调味品有盐、胡椒粉、李派林喼汁、芥末酱、薄荷酱、番茄沙司、甜辣椒汁等。

4）德国菜

德国菜以丰盛实惠、朴实无华著称，口味偏咸、量大，喜用牛肉、猪肉、腌制肉类和酸椰菜制作菜肴。

德国菜以肉类为主，海鲜原料使用较少，特别喜食猪肉菜肴，这是德国菜与其他国家菜式的主要区别。德国菜喜欢使用酸椰菜作配菜，经常与腌制肉类配在一起，风味独特。其香肠品种繁多，有生、熟之分，工艺繁杂，口味各异，深受人们的欢迎。

5）俄罗斯菜

俄罗斯横跨欧亚大陆，地域广阔，有 100 多个民族，在饮食方面比较崇尚法国。所以，俄罗斯菜受法国菜的影响较大，同时也吸收了意大利、奥地利、匈牙利等国菜式的特点，并结合本土的饮食习惯，逐渐形成自己的风格。

俄罗斯菜选料广泛，制作讲究，因料施技，味道多样，醇厚、酸甜、浓郁不腻，喜用酸奶油调味。

俄罗斯菜重加工技巧，有些菜肴加工技巧十分繁重，如加工黄油鸡卷就需运用大量的刀工技巧才能完成。烹调方法多采用炸、烤、烩、焖、煎等，而蒸和煮则运用较少。

6）北美菜

北美菜以美国菜和墨西哥菜为主，由于美国南部地区与墨西哥北部接壤，许多菜肴具有相同的特点，菜肴制作手法相互吸收。

（1）美国菜。美国菜是在英国菜的基础，兼收法国、意大利、墨西哥等国菜式的特点，结合本地特产发展起来的新菜式。美国因盛产水果故常用水果作菜肴的配料，口味咸中带甜，样式新颖，重视营养，追求绿色、无污染食品，并有众多供素食主义者食用的菜肴。

美国菜开创了火鸡菜肴之先河。火鸡本为北美洲的野生动物，因其低脂、味美、营养价值高而成为感恩节、圣诞节的必备菜肴，并影响了整个西方世界，火鸡类菜肴成为深受人们喜爱的新兴食品。

（2）墨西哥菜。墨西哥菜是墨西哥本地菜式与欧洲菜式和美国菜式的有机结合。它采用墨西哥本地特产，运用西餐烹调方法制作出具有鲜明特点的菜式，突出辣味，风格迥异。

墨西哥菜大量使用地域鲜明的原料，如仙人掌、玉米、花生、鳄梨等。调料喜用孜然、香菜辅助调味，极具地方特点。

3. 代表菜肴

1）法国菜

法国菜的代表菜品有：恺撒沙拉、金枪鱼沙拉、鹅肝酱、牛清汤、法式洋葱汤、龙虾浓汤、炸鱼排、海鲜酿酥盒、红酒焖鸡、黑椒牛排、普罗旺斯烩羊肉、奶油炖蛋、巧克力慕斯蛋糕、牛角包等。

2）意大利菜

意大利菜的代表菜品有：生腌牛柳、海鲜冷拼、意大利蔬菜汤、培根青豆汤、酿鱿鱼、米兰式猪排、小牛肉火腿卷、比萨饼、肉酱意大利面、奶油火腿通心粉、提拉米苏蛋糕、无花果红莓蛋糕等。

3）英国菜

英国菜的代表菜品有：奶油蘑菇汤、酥炸鱼柳、皇后鸡、牛尾汤、爱尔兰烩羊肉、英式松饼、面包布丁、英式水果蛋糕等。

4）德国菜

德国菜的代表菜品有：德式土豆沙拉、鞑靼牛肉、面包丸子汤、火腿青豆汤、烤咸猪肘、汉堡牛扒、肉面包、黑森林蛋糕、德式栗子排、巴伐利亚奶油配香草汁等。

5）俄罗斯菜

俄罗斯菜的代表菜品有：鱼子酱、马乃司鸡、冷酸鱼、俄式土豆沙拉、红菜头汤、奶油豌豆汤、罐焖牛肉、黄油鸡卷、奶油烤鱼、巧克力气鼓，清酥羊角等。

6）北美菜

北美菜的代表菜品有：火鸡沙拉、华道夫沙拉、脆玉米饼配芒果酱、仙人掌鳄梨沙拉、姜味南瓜汤、黑豆汤、菠萝烤猪排、烤火鸡、花生鸡、墨西哥辣牛肉酱、热狗、玉米叶囊火鸡、苹果派、芒果盏。

（二）西式菜肴的特点

1. 选料精细

西式菜肴对原材料的要求很高，很多原材料选自世界各地特定产地，如牛肉选用产自美国和加拿大的，羊肉选用产自澳大利亚、新西兰的，三文鱼选用产自大西洋和太平洋冷水海域的等，并喜用季节性产品制作菜肴，如春天用应季的芦笋、草莓作为原材料制作多种菜肴。

2. 分档取料

分档取料就是将宰杀后的肉类原料，根据其肌肉、骨骼等不同部位的组织进行分档，并按照烹调的需求进行取料。西方主要肉类生产国家都有严格的分割标准，各国的标准大致相同。

对肉类原料进行合理的选择是西式烹调的基础，它影响烹调及出品菜肴的色、香、味、形和成本，讲究精料精用，大料大用，合理取用原料。

3. 主料突出

西餐每道菜肴的主料基本要占整个菜肴的60%～70%，其他配菜占菜肴的30%～40%，每道菜肴主次分明，既不能只有主料没有辅料，也不能辅料过多喧宾夺主，给菜品命名时就确定了什么是主菜。例如，罗马式小牛柳卷配番茄粒和红花饭，主料是小牛柳，蔬菜是番茄及其他蔬菜，淀粉类配菜是藏红花米饭，主料的名称都写在菜肴名字的前部。

4. 营养搭配合理

西餐工艺对原料的配组要求科学严谨，统一配方，统一规格。同一产品的风味质量不受制作数量和制作速度的影响。每道菜肴的原材料基本是按照一定比例出品的，动物性原材料∶蔬菜∶淀粉类配菜为12∶3∶5，原材料所占比例变化幅度不超过10%，是不可逾越的。菜肴所含人体所需的脂肪、蛋白质、碳水化合物、无机盐和维生素等各种营养成分，讲究营养均衡。

5. 原汁原味，凸显原料自身特点

西餐讲究原汁原味、突出原料自身的味道，重视基础汤汁的制作和运用。汤汁都是

为主料服务的，烹制什么菜，就用什么原料的基础汤汁，最大限度地突出了原料的特殊风味。例如，制作牛肉清汤就用牛基础汤，制作鱼汁就用鱼基础汤，制作羊肉菜肴就用羊基础汤制作少司等。

6. 佐餐汁酱品种多

西餐佐餐汁酱品种繁多，使用较多的有：李派林汁、芥末酱、薄荷酱、薄荷汁、番茄沙司、No. 1 汁、甜辣椒汁、辣椒仔、大蒜辣椒汁、HP 汁等。仅芥末酱就有法国芥末酱、英国芥末酱、美国芥末酱、蜂蜜芥末酱、芥末籽芥末酱等，德国芥末酱的品种更多，达 40 多种。

二、西式菜肴的设计理念

西式菜肴的设计理念

因西餐的用餐方式是按顺序以分餐制用餐，所以设计每道菜肴都要以完整的全餐菜单进行综合考虑。例如，在设计冷菜时，要考虑与后面菜肴原材料的使用上不能重复。若冷菜选用的原料是海产品和蔬菜，汤可使用菌类制作，热菜可以动物类原料为主料，这样前后使用的原料品种不重复，食客在整个用餐过程中会感受到不同原料带来的不同的风味。

（一）为主题服务的菜肴

西餐用餐分日常生活用餐和各种传统节日、喜庆聚会、商务宴请等形式，设计菜肴要紧扣主题，如传统节日用餐需配传统食品，风味菜肴就要遵循地方特色。例如，以意式风格为主题的用餐，菜肴就要突出意式菜肴的风味特点，下面介绍一款意式冷菜。

鲜雪球芝士和番茄配香草汁（Fresh Mozzarella cheese and tomato salad）

【技术要点】

主料是鲜雪球芝士和番茄，鲜雪球芝士是意大利特色食品，配料为各种生菜，也是意大利人喜欢的食品，调料采用意大利黑醋汁、香草汁和初榨橄榄油，为意大利特产。此款菜肴颜色亮丽，口味清新，风味突出。

（二）菜肴设计的分类

1. 套餐菜肴

因为正式宴会多采用套餐，此类菜肴的设计要求高质量、高档次、高品位，迎合主题。原材料要质优价高，加工要精细，制作方法要多样，装饰要新颖漂亮，下面这款菜肴“鲜鳄梨搭配酸奶油”作为头盘就非常符合这个要求。

鲜鳄梨搭配酸奶油（Fresh avocado tarts with sour cream）

【技术要点】

这款菜肴样式清新，装饰美丽，色泽艳丽，原料口味各异但协调，它选用新鲜的鳄梨和番茄作主料与酸奶油相互搭配，用意大利香草汁和浓缩黑醋汁调味，作为头盘，它可以为任何动物性原材料为主料的主菜服务。

2. 自助餐菜肴

自助餐菜肴如无特别要求，一般可选用一些普通的原材料，但要求品种多样、口味丰富，而且还要求长时间摆放而不宜变形。热菜可以采用烤、煎、烩、扒、炸等来烹制。下面这款菜肴“烤鸡腿配蘑菇露丝玛丽汁”适合作为自助餐出品。

烤鸡腿配蘑菇露丝玛丽汁（Roasted chicken with mushroom & rosemary sauce）

【技术要点】

烤制的鸡腿不宜出汤，可在自助餐餐炉内较长时间放置，淋上蘑菇露丝玛丽汁可使鸡腿的表面不宜风干，所以这道菜比较适合作为自助餐出品。

3. 鸡尾酒会菜肴

鸡尾酒会菜肴的体积都要小于其他类菜肴，这是由它的性质决定的。冷菜以法式、意式、西班牙式小点为主，热菜以油炸、煎、烤菜肴为主，最好是能用手拿且可直接食用的食品。下面两款菜肴适合鸡尾酒会使用。

酥炸鱼柳（Fried fish and chips）

【技术要点】

酥炸鱼柳也叫炸鱼条，是著名的英式菜肴，鱼柳酥脆、鲜香。此菜最早是在街头的小店销售，用旧报纸卷成喇叭状的卷，把炸好的薯条放进去，再把炸好的鱼条放在上面，人们举着报纸卷，边走边吃，这种情景成为伦敦街头的一景，以至就着报纸的油墨香吃炸鱼条，成为一种饮食方式，到现在销售的炸鱼条的包装纸的外表仍印成报纸的样式。

玉米饼配墨西哥肉酱（Tacco with chilli con carne）

【技术要点】

玉米饼配墨西哥肉酱是墨西哥的特色食品，底托是炸制酥脆的玉米薄饼，上面是味道较辣的牛肉酱和

芝士，可用手托起食用，是下酒的最佳菜肴。

4. 早餐菜肴

早餐菜肴大多是单一品种，一些菜肴的制作方法十分简单，没有过多的穿插搭配。早餐菜肴使用的原材料有些是罐头食品，有些是半成品，有些是速冻食品。由于人力成本的提高，工业化食品的大量推广，越来越多的餐饮从业者选择了它们，其具有口味一致、使用方便、成本低廉的优势。

设计早餐菜肴时，要注意出品菜肴所搭配的汁酱不可遗洒，如法式煎面包要配糖粉，华夫饼要配枫糖稀。鸡蛋类菜肴通常的配盘是早餐土豆饼和蔬菜，如嫩炒鸡蛋配土豆饼、扒番茄和早餐肠（Scramble egg with hash brawn potato，Grilled tomato and breakfast sausage）。

早餐的菜肴的原材料大部分是廉价的产品，如需要热菜，可设计一些较高档的菜肴，如煎早餐牛排（Pan fired breakfast beef steak）、煎早餐鱼排（Pan fired breakfast fish steak）、烟熏猪柳（Smoked pork lion）等。

5. 快餐菜肴

快餐（Snack）也叫便餐，是指可短时间内提供给食客，同时也是食客吃起来很方便的食品。快餐是随着现代生活节奏的加快而应运而生的。

当今社会人们不愿意把更多的时间耗费在吃饭方面，于是快餐食品以其巨大的生命力，迅速地在世界各地发展起来，并被许多人所接受。其最大的特点是出菜速度快，有些国际连锁快餐厅甚至规定出菜的时间为 60 秒。快餐菜肴还有一个特点是，快餐食用非常方便，既可在餐厅里短时间食用，也可用手直接拿着吃，甚至边走边食用。

经营快餐的餐厅大多设在金融中心、商业中心、旅游景区、交通枢纽和加油站。酒店的快餐则由咖啡厅提供。快餐常见的主食品种有汉堡包、三明治、热狗、比萨饼等。

快餐菜肴的特点是制作简单，味道鲜美可口，营养丰富，加工时间短，甚至可以提前加工，关键是便于携带。

设计这些菜肴可自由地搭配各种食品，可荤可素，口味清新，富于变化，可在保持原有风味的基础上大胆创新，选用一些具有地方特色的原材料制作。例如，健康三明治可用豆腐替代火腿制作。下面两款菜肴皆为快餐品种，一款是传统的公司三明治，另一款是以意大利萨拉米香肠为主要原材料制作的比萨饼。

公司三明治（Club sandwich）

【技术要点】

这是一款传统的快餐产品，以吐司配煎蛋和薯条为主，世界各地大多数酒店咖啡厅和快餐厅都有销售，也是点菜率很高的菜肴，各地制作内容略有不同，但总体形式基本一致。

萨拉米比萨饼（Salami pizza）

【技术要点】

比萨饼算正餐还是快餐在中国餐饮界始终有争议。国外仅经营比萨饼的餐厅，基本按快餐厅设计和经营的，所以把它纳入快餐范畴比较合适。这一款以意大利特产萨拉米香肠为主料的比萨饼是传统的意式菜肴。

三、西式菜肴的创新

根据资料记载，西餐的发展至今有数千年历史。古代巴比伦人在象形文字中记录了当时西餐的种类和烹调方法。通常，西餐的发展分为三个阶段，古代西餐、中世纪西餐、近代和现代西餐。

20 世纪是西餐发展的鼎盛时期。1970 年，以法国保罗·博古斯与乔耶·罗宾逊等多位现代西餐代表人物开展了新饮食运动，他们舍弃传统的注重酱汁风味的西式烹调方式，力求展现食物的原味。自此，厨师们不受传统束缚，将烹调视为艺术，自由地创作与革新，从回归传统与追求创新两方面着手，使一些新兴美味逐渐成为主流。同时，西餐从作坊式生产逐步步入现代化的工业化生产，诞生了许多西餐食品加工企业，对传统西餐的手制作工艺形成了很大的冲击，致使很多传统西餐烹调技法面临失传的境况。

（一）创新的动力

20 世纪以来，现代化的加工设备极大地提高了工作效率，并衍生出一些新的加工方法。运输时间的缩短和食品保鲜技术的完善，极大地丰富了原材料的品种，来自世界各地的优质食品为厨师们提供了创新的灵感和空间。创新是西餐自身发展的需要，不创新就没有发展，没有发展就不能进步，就不能跟上社会发展的步伐。

（二）创新的目的

创新的目的是发展。西餐的发展史就是一部创新史，从古巴比伦到古埃及，从古希腊到古罗马，从欧洲到北美，只要发展就要创新。

1. 满足食客的需求

当今社会，食客对菜肴的要求在不停地变化，食客大多对菜肴都存有新鲜感和猎奇感，现代西餐在满足他们对一些传统风味菜肴的享受之外，只有通过创新才能满足他们新的诉求。

2. 引领行业发展

创新可以启动灵感，激发热情，推动产品的变化，提高厨师的技能，也可以促使西餐行业快速发展，引领时尚潮流。

3. 追求新的理念

随着生活水平的提高，人们对美食的要求也在不断地产生变化，越来越关注食品对健康的影响。饮食需求由自由性、需求性转向理智性。菜肴的原材料和加工方法是否符合人体健康的要求，成为现代食客的首选，因此，西餐的创新还需符合全新的健康生活理念。

（三）创新的思路和途径

创新不仅要符合客观发展规律，也要符合西餐自身的特点，如果只顾一味追求变化，不尊重西餐的特点及西方人的饮食规律、习惯，所谓的创新其结果也会以失败告终。

1. 在传统的基础上创新

西式菜肴的创新，不能脱离传统的西餐烹调的风味特点，应在传统西餐的基础上，寻找优质特色的原材料，创新口味，改进技术，这才是创新的方向。梅兰芳大师对京剧的创新曾提出一个观点，叫作“移步不换影”，即根本不能变，方法可以变，这对我们西式菜肴的创新有着深刻的指导意义。

2. 风味创新

西式传统菜肴的口味有番茄味、黑椒味、奶油味、藏红花味、奶香味、咸鲜味、柠檬味、黄油味、芥末味、甜酸味、巧克力味等，要想创新口味就要从世界各地美食的精华中汲取营养。

咖喱是印度的特殊调料，咖喱受到世界各地人们的喜爱，尤其是在东南亚，更是推崇有加。若在西餐的传统奶油味里加入少许的咖喱粉，菜肴颜色会变为淡黄色，浓郁的奶油香味里也会散发出咖喱特有的香味，用它可制作咖喱奶油汤、奶油咖喱汁等菜肴，就可以创造出一种新的口味——奶油咖喱味。以此类推，也可以利用其他各国的调味料进行混合创新，如美式烧烤汁中加入适量的泰国甜酸汁，其口味会更加丰富。

中国的茶是全球闻名的，特别是绿茶更是非常有益于人体健康，绿茶中的芳香族化合物能化浊去腻，并富含维生素 B_1、维生素 C、叶皂素和咖啡因，能促进胃液分泌，有助消化。抹茶是用天然石磨将春茶碾磨成微粉状的、蒸青的绿茶，抹茶源于中国隋朝，兴起于唐朝，鼎盛于宋朝，至今已有 1000 多年的历史，如今，用抹茶制作的西式菜肴也逐渐被广大食客所接受。

3. 技术创新

现代的厨房设备比从前有了非常大得进步，许多高科技设备和技术也运用到食品加工的行列中。提起技术创新，就不得不谈及近些年非常流行的分子美食。

分子美食（molecular gastronomy）又称为分子料理、人造美食，是非常时尚的一个厨艺，被视为全球最为奢侈的美食之一。

所谓分子美食是指把葡萄糖、维生素C、柠檬酸钠、麦芽糖醇等可以食用的化学物质进行组合，改变其食材的分子结构，创造出与众不同的可以食用的食物。例如，把固体的食材变成液体甚至气体而食用，抑或使一种食材的味道和外表酷似另外一种食材。因此，从分子的角度可以制造出无限多的食物，菜肴不再受地理、气候、产量等因素的局限。这种以科学研究为基础的创新，改变了许多传统的烹调方法，它使美食空间成为无限可能，使食物可以免受高温破坏，保持了食物的原汁原味。

例如，传统的芝麻鸡卷用分子美食的低温慢煮法，通过长达几小时到几十小时维持在50～60℃的烹调，可以将食物的味道加以提炼，鸡腿去骨打卷放入低温恒温机处理搭配海鲜酱，这样不仅做到低温杀菌，还可以让鸡肉的纤维口感更鲜嫩，让鸡肉更入味。

烟熏三文鱼是国外流行的菜品，三文鱼一般是生吃，如果用香料、盐、迷迭香、干罗勒叶等腌制2小时入味，再用喷枪熏制出焦香感，那将是一种无与伦比的美食。

因此，大胆利用科技创新技术，是西式菜肴创新的另一种途径。

4. 装饰创新

菜肴的装饰从平面到立体的创新，也是西式菜肴装饰的流行趋势。通常西式菜肴装饰为一菜一格，不可雷同，所以，我们可选用任何可食用的材料，利用各种艺术手法（写实、抽象、几何等），以菜盘为画布，把汤汁作颜料，描绘出让人耳目一新的画卷。

5. 新的原材料

发现新食材和利用特色食材制作菜肴是优秀厨师应具备的基本功。现代物流使我们可最大限度地利用世界各地的食材，与此同时，我们也要尽量多采用本地的食材，以突出地方特色，吸引消费者。

创新西式菜肴对于原材料的使用，可不拘泥传统西餐经常使用的一些食材，我们可以仔细观察市场，大胆使用流行产品。例如，云南的松茸菌，营养丰富，味道独特，如果用它制作松茸牛清汤、奶油松茸汤、松茸汁等，会使食客品尝到耳目一新的西餐。

此外，一些中餐常使用的配菜，如小油菜、鸡毛菜、芥蓝、菜心、米粉、蛋面都可以用西餐烹调技法加工，然后作为配菜使用。

四、西式菜肴的创新菜例

西式菜肴的创新不仅要从设计理念上产生变化，还可利用新的加工设备，把握市场流行趋势，采用新的、具有地方特色的原材料，并使用新颖的餐具配合菜品，以创作出新颖、独特的西餐菜式，下面为几例创新西式菜肴。

（一）北京烤鸭比萨饼（Roasted Beijing duck pizza）

【原料】（1人份）

比萨饼面团320克，北京烤鸭肉150克，比萨酱（番茄少司）10克，洋葱圈15

克，香葱 10 克，红彩椒 20 克，马苏里拉奶酪 200 克，黑橄榄 2 个，大葱丝 10 克，黄瓜条 15 个，甜面酱 15 克。

【制作方法】

（1）选用圆形比萨盘。

（2）将面团擀圆，平铺在比萨盘上。

（3）将甜面酱刷在比萨面饼上，再刷上比萨酱，然后表面放上奶酪、烤鸭肉、蔬菜，最后放入烤箱。

（4）烤箱的温度：上火 220℃，下火 210℃，烤 15 分钟至表面成金黄色即可成菜。

【技术要点】

从菜肴的名称就可以知道它是一道创新菜，原材料采用了世界闻名的北京烤鸭，出品的菜肴却是著名的意大利比萨饼，若看到菜单出现这款菜肴，是不是有一品为快的欲望。

（二）香煎海鲈鱼配龙虾汁（Pan-fried sea-bass with lobster sauce）

【原料】（1 人份）

海鲈鱼净肉带皮 200 克，蓝橙酒 150 毫升，土豆粉 15 克，意大利面 1 根，黄油 5 克，白胡椒 1 克，盐 1 克，柠檬 1 个，彩色糖棍 2 克，龙虾汁 100 毫升。

【制作方法】

（1）鲈鱼用白胡椒、盐、柠檬汁腌制。

（2）芦笋去根、焯水，意大利面过油粘上彩色糖棍。

（3）蓝橙酒上火烧开，放入土豆粉打成泥状。

（4）鲈鱼煎好后淋上龙虾汁，上面放上装饰的彩色糖棍，中间放入做好的意大利面彩色糖棍，旁边用蓝橙酒土豆泥挤成波浪形，并放上雕刻好的鱼。

【技术要点】

这个菜肴的特点主要是在装饰方面有所突破，大胆地采用彩色糖棍作为装饰，用色彩为主题服务，并采用西点的装饰手法，简洁、明快。

（三）煎虹鳟鱼排配柠檬黄油汁（Pan-fried trout steak with lemon butter sauce）

【原料】（1 人份）

虹鳟鱼片 200 克，柠檬 1 个，黄油 50 克，白芝麻 100 克，白葡萄酒 30 毫升，菠菜 100 克，蒜蓉 5 克，洋葱碎 10 克，盐 3 克，樱桃番茄 3 个，胡椒粉 1 克。

【制作方法】

（1）把虹鳟鱼柳切成 2 片，用盐、胡椒粉调味，并将其中一片粘上白芝麻备用。

（2）菠菜焯水后加蒜蓉炒香；樱桃番茄炸熟备用。

（3）锅中放油把虹鳟鱼片煎熟。

（4）锅中放黄油、洋葱碎，炒香加入白葡萄酒煮，最后加入黄油制成少司。

（5）盘中放入炒好的菠菜，上面放煎制好的鱼片，盘子周边浇上少司。

（6）最后盘边用柠檬、樱桃番茄装饰即可成菜。

【技术要点】

这道菜的特点是口味上创新，它把中式菜肴的芝麻香型运用到西式菜肴的制作中，是口味借鉴的巧妙结合。

课后拓展与思考

（1）西式菜肴设计、创新的原则和方法是什么？

（2）西式菜肴设计和创新时，要注意哪些方面的细节？

（3）现代餐饮食品的安全性是什么？

（4）如何在西式菜肴设计和创新时，保障食物的安全和卫生？

西式开胃菜制作与实训

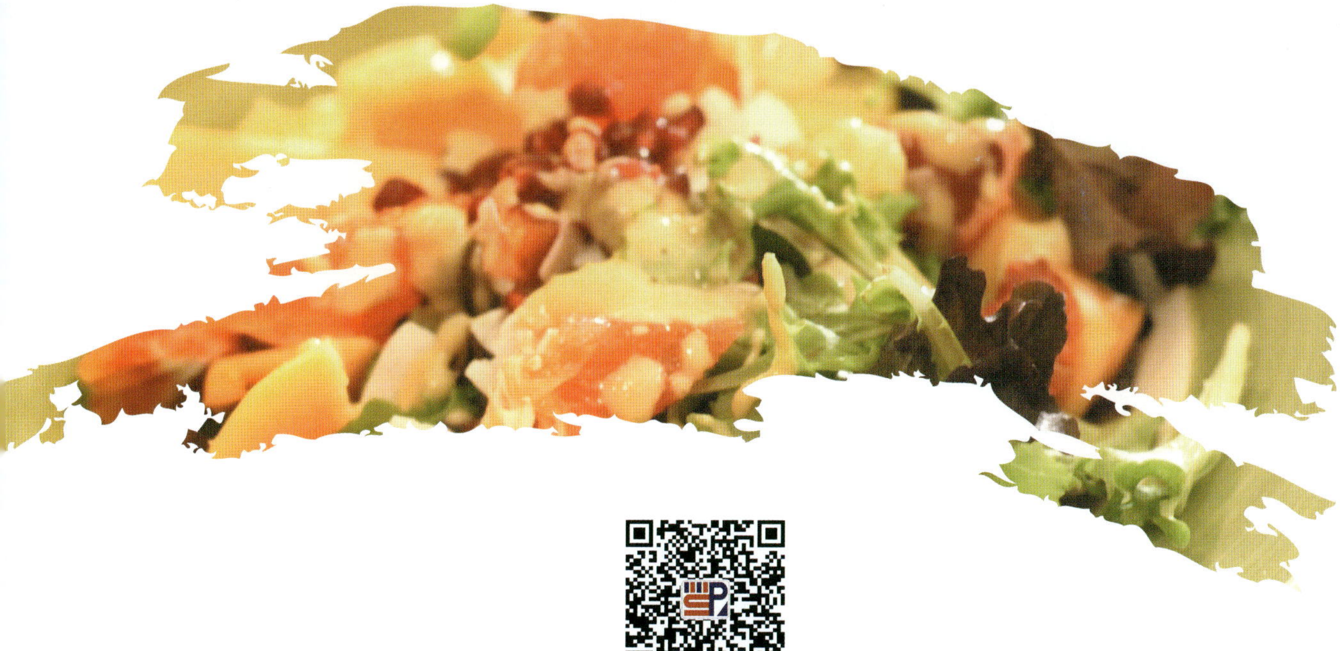

西式开胃菜制作与实训

项目导读

西式烹调的正餐结构是以开胃菜为开端，以小巧精致的开胃菜作为整套正餐的起点，通过量少而精、口味各异的各式开胃菜点呈现出丰富的菜品形式，达到开胃解腻、为后续主菜呈现搭桥，起到承上启下的作用。在本单元的学习中，要充分了解不同国家或地区菜式的风格、特点和风土人情，才能更好地体现出不同开胃菜的特点与风味。

理论学习目标

（1）了解并学习西餐中常见开胃菜的种类和特点。

（2）学习并掌握西餐开胃菜中的沙拉类、冷开胃菜、热头盘、辅菜类开胃菜等菜肴的原料配方、制作工艺、成菜标准及应用变化。

（3）掌握西餐菜肴品质鉴别的标准和方法。

（4）掌握西餐中常见开胃菜的装盘和装饰技法，能够按照标准化程序，独立进行各式开胃菜品种的规范操作、熟练运用与变化。

实践应用目标

（1）掌握现代西餐开胃菜的变化与应用，以多角度的形式呈现西式开胃菜的特色。

（2）熟练掌握现代烹饪设备的应用方法，遵守食品安全的规范与标准，学习实训单品加工与批量生产的技术操作要领。

（3）在现代西餐开胃菜项目学习中，积极了解该行业产业发展需求和状况，为自己的学习树立近期目标和长期奋斗目标，为实现成为高素质技术技能人才，成为大国工匠的奋斗目标而努力。

德育修养

（1）通过食材品质鉴别引入社会主义核心价值观，引导学生学会倡导物尽其用、勤俭节约、杜绝浪费的优良美德。

（2）通过丰富的西式米面类、海鲜、肉类食材加工和各种简捷的西式辅菜类开胃菜的实训学习，引导学生践行社会主义核心价值观，加强学生的基本功训练，培养学生严谨认真、精益求精的工匠精神。

学习目标

了解并学习西餐中常见开胃菜的种类和特点；了解西餐开胃菜中的沙拉类、冷开胃菜、热头盘菜、辅菜类等菜肴的原料配方、制作工艺、成菜标准及应用变化。

学习并掌握西式菜肴品质鉴别的标准和方法；掌握西餐中常见开胃菜的装盘和装饰技法，并能够按照标准化程序，独立制作和创新各式开胃菜。

西餐开胃菜（appetizer）类型较多，通常人们认为只有沙拉类菜肴，而事实上开胃菜包括冷开胃菜肴、热头盘菜肴、辅菜类菜肴及西餐冷菜中的各种批、冻、酱等。开胃菜的作用既是开胃菜肴，又是佐酒小菜；热开胃菜肴还有承上启下的作用，是上主菜前的铺垫。

任务一 沙拉类制作

任务描述

沙拉是英文单词Salad的译音，源自拉丁语sal（盐），其形式为salata，指“盐渍的东西”，最初是指用油、醋或盐腌制的各种生蔬菜，后来指未经烹煮的生蔬菜。古代希腊人和古罗马人喜欢吃沙拉，随着时间的流逝，沙拉变得越来越复杂。现在指用各种即食的新鲜蔬菜、或者水果、或者熟制的蔬菜或肉类食材和调味酱等调拌而成的凉拌菜肴，呈现形式多种多样，有纯素的蔬菜类或水果类沙拉、淀粉类沙拉、肉类食材的荤素搭配沙拉和营养配餐沙拉等，深受人们喜爱，应用范围广泛。本节内容学习时，重点要学会鉴别各类不同食材的新鲜度和品质等级，严格遵守食品安全规范和标准，养成良好的职业卫生操作习惯。

任务目的

使学生了解西式沙拉的定义、种类和分类标准，常见西式调味酱的类型与风味特点，学会常见西式冷菜调味酱的制作方法和要领，明确调味酱的作用和原理，掌握西式菜肴调味的原则与方法。

任务驱动

通过沙拉制作的学习和实训，使学生熟悉西式原料的初加工正确方法与技巧，熟练掌握常见西式冷菜调味酱的制作，掌握西式调味酱与沙拉食材的配合与应用方法，并在今后相应类似菜品中可以合理灵活应用与变化。

知识准备

西餐常见蔬菜、香料、调料和肉类食材的名称、类型、特点、风味和外文名称，HACCP食品安全管理体系知识。

德育修养

通过食材品质鉴别引入社会主义核心价值观，引导学生学会倡导物尽其用、勤俭节约、杜绝浪费的优良美德。针对沙拉类调拌即食类菜肴的食品安全标准要求，引导学生培养严谨认真、精益求精的工匠精神。

任务实施

一、恺撒沙拉（Caesar salad）

【原料】（成品 4 人份）

直叶生菜 200 克，银鱼柳 15 克，吐司面包 100 克，培根 150 克，橄榄油 100 毫升，柠檬汁 150 毫升，黄油 100 克，蛋黄 150 克，蒜蓉 10 克，帕尔玛芝士粉 50 克，芥末酱 15 克，李派林喼汁 20 克，番茄 150 克。

【设备器具】

沙拉盘、沙拉盆、蛋抽、煎锅、吸油纸。

【制作方法】

（1）洗净直叶生菜，放入保鲜冰柜中备用。

（2）煎锅内放黄油，将切成丁的吐司面包炒香，至色泽金黄酥脆，放置在吸油纸上备用。

（3）煎锅内煎培根至金黄酥脆，取出切碎备用；银鱼柳切碎备用。

（4）沙拉盆内放入蛋黄、芥末酱，用蛋抽搅匀，放入蒜蓉、银鱼柳碎，适当加入橄榄油继续搅拌，待汁混合变稠后加入柠檬汁，再加入适量的橄榄油、李派林喼汁搅拌成恺撒汁。

（5）成菜时在恺撒汁内放入直叶生菜、少许帕尔玛芝士粉、少许培根碎拌匀即可装盘。

（6）沙拉盘边用番茄角装饰，最后在沙拉上撒上大量的帕尔玛芝士粉和炒香的吐司面包丁、剩下的培根碎。

【技术要点】

直叶生菜洗净后应沥干水分、冷冻保鲜是菜肴质量的重要保障。

【质量标准】

生菜爽脆，芝士香味浓郁，口感丰富，风味适宜。

【酒水搭配】

此款菜肴适宜和风味清淡的气泡酒搭配。

二、尼斯沙拉（Niçoise salad）

【原料】（成品 4 人份）

土豆 100 克，四季豆 50 克，番茄 50 克，青椒 25 克，红椒 25 克，金枪鱼罐头 100

克，鸡蛋 150 克，黑橄榄 30 克，银鱼柳 30 克，法香 3 克，洋葱 50 克，芥末酱 25 克，红酒醋 150 毫升，橄榄油 300 毫升，柠檬汁 150 克，直叶生菜 50 克，盐、胡椒粉适量。

【设备器具】

沙拉盘、沙拉盆、蛋抽、汤锅、少司盅、切蛋角器。

【制作方法】

（1）汤锅内煮熟土豆，取出土豆去皮后凉凉备用；鸡蛋煮熟凉凉备用；四季豆煮熟凉凉备用。

（2）用一片直叶生菜垫底，然后把土豆、四季豆、番茄、青椒、红椒、鸡蛋切角后摆放在沙拉盘中间。

（3）沙拉盆内放红酒醋、橄榄油、芥末酱、洋葱碎、法香碎、银鱼柳、柠檬汁、盐、胡椒粉适量调制成法式油醋汁装在少司盅内。

（4）最后把金枪鱼从罐头中取出，撒在沙拉顶部，点缀黑橄榄、法香，出菜时配法式油醋汁。

土豆沙拉理论讲解

【技术要点】

四季豆既要煮熟，又要色泽自然，小心四季豆中毒现象的发生。

土豆沙拉制作

【质量标准】

色彩丰富，成菜美观，味酸咸适口，清爽不腻。

【酒水搭配】

此款菜肴适宜和风味清淡的气泡酒搭配。

三、华尔道夫沙拉（Waldorf salad）

【原料】（成品 4 人份）

美国红苹果 500 克，西芹 200 克，直叶生菜 100 克，核桃仁 50 克，黑葡萄干 50 克，白糖 150 克，橄榄油 100 毫升，马乃司汁 100 克，樱桃番茄 50 克。

【设备器具】

沙拉盘、不锈钢盆、炒锅、沙拉盆。

【制作方法】

（1）先把核桃仁放入开水中煮 3 分钟左右，取出沥去水分，剥去外皮备用。

（2）炒锅内放白糖，制成淡色焦糖时放入核桃仁，炒香，高温上色后立即加入大量的橄榄油降温，取出桃仁凉凉备用。西芹切块、美国红苹果去皮后切块备用。

（3）沙拉盘底垫一片直叶生菜叶，沙拉盆内放西芹、苹果块、黑葡萄干、马乃司汁、核桃仁少许，拌匀后放置在生菜上。

（4）盘面装饰樱桃番茄，然后把剩余的黑葡萄干、核桃仁撒在菜肴上面即可成菜。

【技术要点】

苹果去皮后会变色，可以泡在水中。最好的方法是出菜前将苹果去皮，直接拌匀马乃司汁出菜，这时，菜肴里的苹果没有多余的水分，口感最佳。

【质量标准】

盘面简单，制作快捷，苹果香甜，口感脆嫩。

【酒水搭配】

此款菜肴适宜和风味清淡的雪利酒搭配。

四、番茄芝士沙拉（Mozzarella cheese & tomato salad）

【原料】（成品 4 人份）

马苏里拉芝士 100 克，番茄 400 克，鲜罗勒 3 克，黑胡椒碎 3 克，橄榄油 150 毫升，青柠檬汁 100 毫升，盐、胡椒粉适量。

【设备器具】

沙拉盘、沙拉盆、蛋抽、奶酪切割器。

【制作方法】

（1）把马苏里拉芝士用奶酪切割器切片；番茄切片。

（2）沙拉盘中把切片的芝士和番茄一片隔一片的摆放整齐，备用。

（3）鲜罗勒切丝撒在番茄芝士上，再撒上黑胡椒碎。

（4）橄榄油、青柠檬汁、盐和胡椒粉用蛋抽搅拌均匀，淋在菜肴上面，最后用整片的罗勒装饰即可成菜。

【技术要点】

要使用奶酪切割器切割马苏里拉芝士，这样切制的菜肴才显得平整。

【质量标准】

红白相间，简单实用，奶香浓郁，风味独特。

【酒水搭配】

此款菜肴适宜和风味清淡的气泡酒搭配。

五、厨师沙拉（Chef salad）

【原料】（成品 4 人份）

牛柳 300 克，火腿 200 克，熟鸡蛋片 100 克，鸡胸肉 300 克，奶油芝士 200 克，牛舌 200 克，洋葱 50 克，西芹 200 克，胡萝卜 100 克，混合生菜 30 克，百里香 1 克，香叶 1 克，油醋汁 100 毫升，千岛汁 100 毫升，盐、胡椒粉适量。

【设备器具】

沙拉盘、沙拉盆、不锈钢盘、汤锅、煎锅、少司盅。

【制作方法】

（1）汤锅内放清水、百里香、香叶、洋葱、西芹、胡萝卜，与牛舌共煮，大约1小时后取出牛舌，刮去舌苔，再煮5小时后取出凉凉备用。

（2）牛柳、鸡胸肉用盐、胡椒粉、百里香、香叶、洋葱、西芹、胡萝卜腌制1小时后，煎熟备用。

（3）鸡蛋煮熟凉凉后切片备用；把火腿、奶油芝士、牛柳、鸡胸肉、牛舌切成长条。

（4）沙拉盘中放混合生菜，再把切成长条的火腿、奶油芝士、牛肉、鸡胸肉、牛舌等材料整齐地摆放在生菜四周，斜立起来，中间放上熟鸡蛋片即可成菜。

（5）取2个少司盅分别装上油醋汁和千岛汁供食客选用。

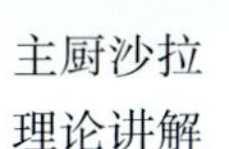

主厨沙拉理论讲解

主厨沙拉制作

【技术要点】

煮制牛舌的成熟度要适当，和其他肉类要搭配适当。

【质量标准】

色彩鲜艳，造型立体，口味丰富，营养健康。

【酒水搭配】

此款菜肴适宜和风味清淡的波特酒搭配。

六、水果沙拉（Fruit salad）

【原料】（成品4人份）

西瓜50克，草莓50克，哈密瓜50克，芒果50克，脐橙50克，猕猴桃50克，葡萄50克，香梨50克，香蕉50克，黄河蜜瓜50克，火龙果500克，菠萝50克，白糖100克，橙汁50毫升，君度酒15毫升，冰块100克。

【设备器具】

沙拉盘、沙拉盆、汤锅。

【制作方法】

（1）所有水果去皮、去核、切丁，冷冻保鲜备用。

（2）汤锅内放清水和白糖，烧开待白糖溶化凉凉后加入冰块、橙汁、君度酒调和成糖液。

（3）火龙果切开后掏出果肉。

（4）取半个火龙果皮做一个水果沙拉的碗，放置在沙拉盘中间。

（5）所有水果丁和糖液在沙拉盆中拌匀后，装入火龙果做的碗里即可成菜。

【技术要点】

有些水果切开后会变色，要采用适当的保存方法；由于各种水果的规格、大小不一，切丁时尽量使成形规范，并节约原料。

【质量标准】

水果清新，酸甜可口，色彩艳丽，口味丰富。

【酒水搭配】

此款菜肴适宜和风味清淡的马德拉酒搭配。

七、蔬菜沙拉（Vegetable salad）

【原料】（成品 4 人份）

番茄 50 克，黄瓜 50 克，胡萝卜 50 克，洋葱 50 克，西芹 50 克，玻璃生菜 50 克，紫云生菜 50 克，直叶生菜 50 克，红椒 50 克，青椒 50 克，黄椒 50 克，橄榄油 150 毫升，白酒醋 75 毫升，青柠檬汁 100 毫升，芥末酱 25 克，黑胡椒碎 1 克，鲜罗勒碎 0.2 克，法香碎 3 克，大蒜碎 25 克，红腰豆 30 克，玉米粒 30 克，盐、胡椒粉适量。

【设备器具】

沙拉盘、沙拉盆、木勺、不锈钢盘。

【制作方法】

（1）所有蔬菜清洗干净后入冰箱保鲜备用。

（2）沙拉盆内放橄榄油、白酒醋、青柠檬汁、芥末酱、黑胡椒碎、鲜罗勒碎、法香碎、大蒜碎和盐、胡椒粉适量，调和成油醋汁备用。

（3）取出番茄切角，黄瓜、胡萝卜切薄片，洋葱切洋葱圈，西芹切段，玻璃生菜、紫云生菜、直叶生菜撕成小片，红椒、青椒切圈，黄椒切角，然后把所有材料一起放置在沙拉盆内混合备用。

（4）沙拉盘上重叠放上各式蔬菜，尽量堆得高点，撒上玉米粒和红腰豆即可。

（5）出菜时淋上油醋汁即可。

【技术要点】

堆放蔬菜是菜肴是否美观的关键点，其中的色彩搭配和重叠的效果要有技巧。

【质量标准】

蔬菜鲜嫩，质地脆美，色泽艳丽，酸咸爽口。

【酒水搭配】

此款菜肴适宜和风味清淡的葡萄酒搭配。

八、夏威夷沙拉（Hawaiian salad）

【原料】（成品 4 人份）

鸡腿 500 克，洋葱 150 克，西芹 150 克，胡萝卜 200 克，番茄酱 50 克，番茄少司 100 克，香叶 0.2 克，大蒜 50 克，黑胡椒 5 克，色拉油 50 毫升，菠萝 200 克，马乃司汁 100 克，玻璃生菜 50 克，洋兰花 2 克，盐、胡椒粉适量。

【设备器具】

沙拉盘、沙拉盆、木勺、不锈钢盘。

【制作方法】

（1）鸡腿用洋葱碎、西芹碎、胡萝卜碎、番茄酱、番茄少司、香叶、大蒜、黑胡椒、色拉油、盐、胡椒粉适量腌制1天备用。

（2）把鸡腿放入220℃烤炉内烤至色泽金黄红润，取出后去骨凉凉备用。

（3）沙拉盆中放入切块的熟鸡肉、菠萝块、洋葱碎、西芹碎、马乃司汁拌匀，用盐、胡椒粉适量调味。

（4）沙拉盘中间放一片玻璃生菜叶，中间装入鸡肉沙拉，盘边装饰洋兰花即可成菜。

【技术要点】

西方人喜爱食用健康的鸡胸肉，中国人喜爱口味更肥的鸡腿肉。

【质量标准】

色泽红润，鸡肉肥美，咸甜适当，清新爽口。

【酒水搭配】

此款菜肴适宜和风味清淡的干白葡萄酒搭配。

九、牛肉沙拉（Beef filet salad）

【原料】（成品4人份）

牛柳500克，洋葱50克，西芹50克，胡萝卜50克，黄瓜50克，洋葱50克，红椒50克，酸黄瓜50克，黑胡椒粉1克，大蒜10克，橄榄油150毫升，白酒醋50毫升，白糖25克，番茄50克，狗芽生菜30克，迷迭香1克，色拉油50毫升，盐、胡椒粉适量。

【设备器具】

沙拉盘、沙拉盆、不锈钢盘、煎锅。

【制作方法】

（1）牛柳先用洋葱碎、西芹碎、胡萝卜碎、迷迭香、色拉油、盐、胡椒粉适量腌制1小时，再把牛柳放入煎锅内大火煎上色，入烤炉烤熟后取出凉凉备用。

（2）牛柳切薄片备用；沙拉盆内把黄瓜、洋葱、红椒、酸黄瓜、黑胡椒粉、大蒜、橄榄油、白酒醋、白糖、牛柳丝、盐、胡椒粉适量拌匀调味备用。

（3）沙拉盘内放狗芽生菜垫底，然后把牛肉沙拉堆放中间，四周围上番茄角即可成菜。

【技术要点】

牛柳需先腌制入味，烤制的牛肉才会肉质细嫩化渣。

【质量标准】

肉质细嫩，色彩艳丽，口感丰富，酸辣微甜。

【酒水搭配】

此款菜肴适宜和风味清淡的干红葡萄酒搭配。

任务二 冷开胃菜制作

任务描述

冷开胃菜是指西式烹调中冷食的头盘类开胃菜，常常会使用各类精致高档的海鲜和肉类食材进行加工制作。通常由各类肉批（Pâté）、肉酱（Terrine）、烟熏菜肴如烟熏三文鱼（Smoked salmon）、海鲜鸡尾杯类（Seafood cocktail）、肉肠类（Sausage）、风干火腿类（Ham）、生食海鲜类如生蚝（Oysters）、塔塔类、莎莎类菜肴组成，内容丰富，适合配和开胃酒搭配进食，深受人们喜爱，应用范围广泛。本节内容学习时，重点要学会鉴别各类不同食材的新鲜度和品质等级以及食材的初加工方法，严格遵守食品安全规范和标准，养成良好的职业卫生操作习惯。

任务目的

使学生了解西式冷头盘开胃菜的定义、种类和分类标准，常见西式肉酱、肉批的类型与风味特点，学会常见西式烟熏菜肴和鸡尾杯类菜肴的制作方法和要领，明确西式冷制类调味酱的作用和原理，掌握西式菜肴调味的原则与方法。

任务驱动

通过西式冷开胃菜制作的学习和实训，使学生熟悉西式海鲜及各类肉类原料初加工的正确方法与技巧，熟练掌握常见西式冷菜调味酱的制作，掌握西式调味酱与各类海鲜、肉类食材的配合与应用方法，并在今后相应类似菜品中可以合理灵活应用与变化。

知识准备

西餐常见海鲜和肉类食材原料的名称、类型、特点、风味和外文名称，HACCP 食品安全管理体系知识。

德育修养

通过各种丰富的西式海鲜、肉类食材加工的实训学习，引导学生践行社会主义核心价值观，培养学生养成学无止境、终身学习的意识和观念，不断提升自己的专业技术能力和知识结构，丰富自身能力；培养学生不怕苦、不怕累，吃苦耐劳的优良品质；冷开胃菜的许多菜肴品种工艺难度大，技术标准要求高，需要慢工出细活，从而培养学生专注、敬业、精益求精的工匠精神。

任务实施

一、海鲜咯嗲（Seafood cocktail）

【原料】（成品 4 人份）

大虾 100 克，鲜鱿鱼 100 克，扇贝 100 克，石斑鱼 100 克，洋葱 25 克，西芹 25 克，胡萝卜 50 克，香叶 1 片，橄榄油 100 毫升，香脂黑醋汁 30 毫升，柠檬 50 克，大蒜 15 克，红葱头 10g，红椒 15 克，青椒 15 克，黄椒 15 克，黑橄榄 15 克，法香 10 克，水瓜柳 5

克，酸黄瓜 5 克，芥末酱 5 克，鲜罗勒 0.1 克，紫生菜 15 克，直叶生菜 15 克，盐、胡椒粉适量。

【设备器具】

鸡尾酒杯、沙拉盘、沙拉盆、汤锅、蛋抽、细孔滤网。

【制作方法】

(1) 先把所有海鲜初加工整理干净，柠檬挤汁备用。

(2) 汤锅内放清水、洋葱、西芹、胡萝卜、香叶、柠檬一起煮开，依次下扇贝、石斑鱼、大虾、鲜鱿鱼煮熟，捞出后放入冰水中降温，取出沥干水分备用。

(3) 鸡尾酒杯中放入紫生菜、直叶生菜垫底，再放上各种海鲜，配柠檬角装饰。

(4) 沙拉盆内放入橄榄油、香脂黑醋汁、柠檬汁和切好的大蒜碎、红葱头碎、红椒碎、青椒碎、黄椒碎、黑橄榄碎、法香碎、水瓜柳碎、酸黄瓜碎、芥末酱、鲜罗勒碎、盐、胡椒粉适量，调味成意大利香醋汁备用。

(5) 沙拉盘上放一片直叶生菜，再放上装有海鲜的鸡尾酒杯，淋上意大利香醋汁即可成菜。

【技术要点】

不同质地的海鲜煮制时，应注意掌握时间和成熟度；煮好的海鲜应立即放入冰水中降温。

【质量标准】

海鲜质地细嫩、鲜甜，菜肴口感丰富、爽口。

【酒水搭配】

此款菜肴适宜和风味淡雅的法国香槟酒搭配。

二、情人节玫瑰三文鱼（Valentine's day salmon roses）

【原料】（成品 4 人份）

烟熏三文鱼 800 克，红葱头 125 克，水瓜柳 25 克，鲜莳萝 1 克，波特酒 30 克，鱼胶粉 30 克，鞑靼少司 150 克，柠檬 150 克。

【设备器具】

沙拉盘、不锈钢盘、少司盅。

【制作方法】

(1) 先把烟熏三文鱼切成大小不同的片，然后卷成三朵玫瑰花型备用。

(2) 红葱头切片，取大小一致的圈备用。

(3) 波特酒和鱼胶粉制作成波特酒啫喱冻后切丁备用。

(4) 沙拉盘中放上鲜莳萝一片作装饰，再放上三朵烟熏三文鱼花。

（5）沙拉盘下面部分撒上波特酒啫喱冻，摆放上红葱头圈，撒上几粒水瓜柳。

（6）出菜的时候用汁盅装上鞑靼少司和沙拉一起上桌即可成菜。

【技术要点】

烟熏三文鱼肉质细腻，卷的时候采用的技巧和手法是关键点。

【质量标准】

花形自然，盘面美观，意境高远，鱼肉鲜美。

【酒水搭配】

此款菜肴适宜和风味淡雅的波特酒搭配。

三、冻生牛肉片（Beef carpaccio）

【原料】（成品 4 人份）

牛柳 1000 克，洋葱 30 克，西芹 20 克，胡萝卜 30 克，鲜罗勒 0.1 克，龙蒿 0.1 克，大蒜 10 克，香叶 0.1 克，马乃司汁 50 克，水瓜柳 25 克，开心果 100 克，帕尔玛芝士粉 50 克，水芥菜 15 克，紫云生菜 20 克，樱桃番茄 10 克，色拉油 50 毫升，盐、胡椒粉适量。

【设备器具】

棉线、一次性裱花袋、沙拉盘、不锈钢盆、煎锅。

【制作方法】

（1）先剔净牛柳，用洋葱、西芹、胡萝卜、鲜罗勒、龙蒿、大蒜、香叶、盐、胡椒粉适量腌制半小时后，用棉线捆好备用。

（2）煎锅内放色拉油烧至九成热，放入捆好的牛柳，大火煎至表面变色，放入冰箱冷冻备用。

（3）水瓜柳切粗粒、开心果去壳切粗粒。

（4）沙拉盘中间放上水芥菜、紫云生菜、樱桃番茄，装饰盘头。

（5）把冷冻好的牛柳切成很薄的片，摆放在蔬菜盘头周围，再用一次性裱花袋装马乃司汁，在牛肉片上挤成交叉的线条，撒上水瓜柳、开心果、帕尔玛芝士粉即可成菜。

【技术要点】

牛柳冷冻后很细嫩，煎制时候火要大，这样牛柳中间才是全生的牛肉。

【质量标准】

牛柳四边变色，中心鲜红，菜肴红白相间，色泽搭配美观。

【酒水搭配】

此款菜肴适宜和风味清淡的桃红葡萄酒搭配。

四、火腿卷芦笋（Parma ham with asparagus）

【原料】（成品 4 人份）

帕尔玛火腿片 200 克，芦笋头 200 克，紫云生菜 30 克，狗芽生菜 30 克，柠檬 50 克，帕尔玛芝士片 30 克，脐橙 150 克，意大利油醋汁 120 毫升，法棍面包 100 克。

【设备器具】

不锈钢盆、沙拉盆、沙拉盘。

【制作方法】

（1）沙拉盘上用紫云生菜、狗芽生菜、柠檬角、脐橙肉制作盘头。

（2）然后用帕尔玛火腿片卷焯过水的芦笋头，斜放在法棍面包上，放入沙拉盘。

（3）最后，菜肴撒上帕尔玛芝士片、意大利油醋汁即可成菜。

【技术要点】

切得很薄的火腿片是菜肴美味的关键，火腿片太厚，咸味会太浓，压制芦笋的鲜美、清新的味道。

【质量标准】

盘面色泽搭配合理，突出主料的火腿和芦笋头，装饰料和主料比例适当。

【酒水搭配】

此款菜肴适宜和风味清淡的桃红葡萄酒搭配。

五、鞑靼三文鱼（Salmon Tartare）

【原料】（成品 4 人份）

三文鱼 200 克，红葱头 10 克，水瓜柳 10 克，鲜莳萝 0.2 克，细香葱 1 克，淡奶油 10 克，青柠檬汁 20 克，牛油果 50 克，橄榄油 30 克，李派林喼汁 10 克，红椒粉 0.2 克，塔巴斯科辣椒酱 20 克，樱桃番茄 10 克，盐、胡椒粉适量。

【设备器具】

光极模具、不锈钢盆、沙拉盆、小圆盘、蛋抽。

【制作方法】

（1）将三文鱼初加工后，切小丁备用。

（2）打发淡奶油备用、牛油果切小丁备用。

（3）将红葱头、水瓜柳、鲜莳萝、细香葱切碎和淡奶油搅拌均匀，放入青柠檬汁、橄榄油、李派林喼汁、红椒粉、塔巴斯科辣椒酱调和好作为少司备用。

（4）将三文鱼和调和好的少司拌匀，放入适量的盐、胡椒粉调味。

（5）小圆盘中间放上光极模具后，填入牛油果丁，再填入三文鱼，去除模具；盘面装饰细香葱、樱桃番茄即可成菜。

【技术要点】

调和酱汁的稠度是保证造型不会塌陷的关键。

【质量标准】

红绿相间，肥而不腻，酸辣微甜，鲜甜可口。

【酒水搭配】

此款菜肴适宜和风味清淡的干白葡萄酒搭配。

六、牛肉批（Beef pâté）

【原料】（成品 4 人份）

牛绞肉 1000 克，洋葱 500 克，鸡蛋 150 克，水瓜柳 30 克，黑胡椒 2 克，百里香 0.1 克，鲜罗勒 0.1 克，吐司面包 300 克，牛奶 50 毫升，马苏里拉芝士 150 克，红葡萄酒 50 毫升，清酥皮 500 克，牛肉清汤 200 毫升，鱼胶粉 20 克，面粉 100 克，盐、胡椒粉适量。

【设备器具】

炒锅、不锈钢盆、蛋刷、小碗、沙拉盘、肉批模、擀面棍、锡箔纸。

【制作方法】

（1）先把清酥皮用擀面棍擀开成长方形放入冰箱备用。

（2）吐司面包去四边，用牛奶软化成糊备用；鸡蛋打成蛋液备用。

（3）洋葱切碎后放入炒锅内炒香、凉凉后备用。

（4）不锈钢盆内放入牛绞肉、炒好的洋葱碎、鸡蛋、水瓜柳碎、黑胡椒碎、百里香、鲜罗勒、面包糊、马苏里拉芝士、红葡萄酒、盐、胡椒调味后，用力摔打，直到牛肉上劲成泥。

（5）肉批模内撒少许面粉，把清酥皮小心地放入模具内，四周留边，刷蛋液；然后把做好的牛肉馅填入模具内，再刷上蛋液；再把四周留的边包好牛肉馅。冷冻后做花式，顶部切开两个小圆孔，塞入锡箔纸做的圆柱体。然后放入上火 180℃、下火 220℃ 的烤炉内烤至色泽金黄，取出凉凉后备用。

（6）牛肉清汤烧热熔化鱼胶粉，放盐、胡椒粉调味，凉凉备用。

（7）冷却后的肉批取出锡箔纸，把调和好的牛肉清汤注入空洞中，放入保鲜冰箱冷冻。

（8）待鱼胶冻完全凝固后从模具中取出肉批，用锯齿刀切片即可食用。

【技术要点】

肉批烤制时底部的火候掌握很难，需把底部烤熟、烤黄。

【质量标准】

牛肉鲜美，口味繁多，造型亮丽，佐酒佳肴。

【酒水搭配】

此款菜肴适宜和风味淡雅的红葡萄酒搭配。

七、鸡肉酱（Chicken terrine）

【原料】（成品 4 人份）

鸡胸肉 500 克，鸡蛋 50 克，百里香 0.1 克，猪肥膘 100 克，法香碎 10 克，干白葡萄酒 25 克，菠菜 100 克，大虾 200 克，培根 200 克，淡奶油 25 克，胡萝卜 500 克，芦

笋 150 克，红腰豆 30 克，肥鹅肝 50 克，青豆 30 克，盐、胡椒粉适量。

【设备器具】

汤锅、不锈钢盆、沙拉盘、长条模、锡箔纸、搅碎机、煎锅。

【制作方法】

（1）鸡胸肉切小条用搅碎机打成鸡蓉；猪肥膘切小条用搅碎机打成蓉备用。法香切碎；菠菜过水后冲凉留叶备用。大虾煮五成熟备用，培根煎淡黄色备用，胡萝卜削成长圆柱体后煮熟备用，芦笋过水后备用。

（2）不锈钢盆内放鸡蓉、猪肥膘蓉、鸡蛋、百里香、法香碎、干白葡萄酒、淡奶油、红腰豆、肥鹅肝、青豆、盐、胡椒粉调味后用力搅拌上劲后备用。

（3）锡箔纸上铺保鲜膜，抹上调和好的鸡蓉，铺上一层菠菜叶，再抹上鸡蓉，铺上一层培根，再抹上鸡蓉，放上大虾、胡萝卜、芦笋，卷成鸡卷即可，入 200℃的烤炉烤熟。

（4）凉凉后去除锡箔纸和保鲜膜后切片即可装盘成菜。

【技术要点】

鸡肉肉质较柴，可适当加入猪肥膘使肉质细腻。

【质量标准】

肉质细腻，口味丰富，造型华丽，富于变化。

【酒水搭配】

适宜和风味淡雅的干白葡萄酒搭配。

八、鲜虾啫喱冻（Prawn jelly）

【原料】（成品 4 人份）

大虾 100 克，罐头玉米粒 25 克，西蓝花 25 克，熟鸡蛋 100 克，鱼胶粉 20 克，海鲜清汤 400 毫升，法香 0.1 克，干白葡萄酒 15 克，樱桃番茄 20 克，盐、胡椒粉适量。

【设备器具】

汤锅、不锈钢盆、沙拉盘、花盏模。

【制作方法】

（1）大虾去头、去壳、去沙线，背上开刀口，煮熟备用。西蓝花煮熟冷后备用。海鲜清汤烧热后溶化鱼胶粉，加入盐、胡椒粉、干白葡萄酒调味，凉凉后备用。

（2）花盏模内先注入 1/4 的清汤，中心放上大虾一个，入冰箱冷冻。取出冻上的花盏模再注入 1/4 的海鲜清汤，放上一朵西蓝花、半个樱桃番茄，入冰箱冷冻。取出冻上的花盏模再注入 1/4 的海鲜清汤，放上法香和玉米粒，入冰箱冷冻。取出冻上的花盏模再注入 1/4 的海鲜清汤，放上熟鸡蛋碎，入冰箱冷冻。

（3）等鱼胶冻完全凝固时取出，放入开水内熔化模具边缘的鱼胶冻，倒扣在沙拉盘上、盘边装饰即可成菜。

【技术要点】

每次入冰箱冷冻时不要等到鱼胶冻完全凝固，就可以倒入新的一层鱼胶水和蔬菜，这样出来的菜肴才不会分层、分离。

【质量标准】

层次清晰，色泽艳丽，造型独特，口味鲜美。

【酒水搭配】

此款菜肴适宜和风味清新的波特酒搭配。

九、沙勿罗式冻火鸡（Chaud-frioid turkey）

【原料】（成品 4 人份）

火鸡 3000 克，红椒 150 克，青椒 150 克，黄椒 150 克，茄子 100 克，黑橄榄 30 克，洋葱 500 克，西芹 500 克，胡萝卜 750 克，香叶 2 克，百里香 1 克，鲜罗勒 1 克，鲜茴香 50 克，色拉油 250 毫升，干白葡萄酒 250 毫升，白汁少司 2000 毫升，鱼胶粉 200 克，盐、胡椒粉适量。

【设备器具】

大汤锅、不锈钢盆、大银盘、光圈模、棉线、不锈钢网架、蛋刷、蛋抽。

【制作方法】

（1）火鸡取出内脏，用洋葱、西芹、胡萝卜、香叶、百里香、鲜罗勒、鲜茴香、色拉油、干白葡萄酒、盐、胡椒粉适量腌制 2 天后，把腌制的蔬菜香料全部塞入火鸡腹内，用牙签封住，然后用棉线把火鸡捆扎好备用。

（2）大汤锅内放入清水和火鸡，大火烧开撇去浮沫，小火煮熟火鸡。火鸡煮熟后立即捞出晾干水分，自然冷却后取出腹腔内的香味蔬菜和牙签，再使用厨房专用餐纸轻轻擦拭表面油花后备用。

（3）取红椒、青椒、黄椒、茄子的表皮，切成菱形备用；黑橄榄切成圆圈形备用；煮熟的胡萝卜片用小刀雕刻后备用；白汁少司烧热熔化鱼胶粉 150 克后，用盐、胡椒粉调味凉凉备用。

（4）把初加工好的火鸡鸡胸肉向上放置在不锈钢网架上，下面放个大圆盘，把调制好的白汁少司淋在火鸡上，流下来的汁可以合并后再使用，然后把火鸡放入冰箱冷冻，如此反复多次直到火鸡表面有厚厚的一层白汁少司。最后一次淋上的白汁少司可以调和得稀一点，让白汁顺滑流下去，然后在火鸡鸡胸肉的部位粘贴蔬菜等原料，拼出花形即可入冰箱冷冻。把 50 克鱼胶用开水适量溶化，调味、冷却后反复用蛋刷把鱼胶水刷在火鸡上，直到火鸡表面有薄薄的一层鱼胶冻。

【技术要点】

操作时不要急躁，反复淋上白汁少司，其效果最佳。

【质量标准】

奶香浓郁，肉质细腻，造型美观，色泽亮丽。

【酒水搭配】

此款菜肴适宜和风味清新的干白葡萄酒搭配。

十、黑胡椒牛柳盘（Beef filet with black pepper）

【原料】（成品 4 人份）

牛柳 1000 克，黑胡椒碎 100 克，洋葱 30 克，西芹 30 克，胡萝卜 30 克，鲜罗勒 1 克，色拉油 50 毫升，芥末酱 30 克，马乃司汁 50 克，狗芽生菜 25 克，紫云生菜 25 克，柠檬 50 克，番茄 50 克，盐、胡椒粉适量。

【设备器具】

不锈钢盆、大银盘、棉线、煎锅、一次性裱花袋。

【制作方法】

（1）牛柳剔筋膜后，用棉线捆绑起来备用；不锈钢盆内放入切碎的洋葱、西芹、胡萝卜、鲜罗勒、盐、胡椒粉适量和牛柳一起腌制 1 小时后去除香味蔬菜，把牛柳直接放置在黑胡椒碎上面去蘸上大量的黑胡椒，直到牛柳表面覆盖一层黑胡椒碎即可。

（2）煎锅内放色拉油烧热后把牛柳放入煎至上色，入烤炉 200℃烤制 10 分钟左右，牛柳有五成熟即可取出。取出的牛柳去掉棉线后入冰箱冷冻备用。

（3）大银盘内放狗芽生菜和紫云生菜垫底，柠檬角和番茄角作装饰备用。把马乃司汁和芥末酱调和在一起，装在一次性裱花袋中备用。

（4）取出牛柳切厚片，放置在蔬菜上面，芥末酱汁挤成渔网形状的线条覆盖在牛肉上面即可成菜。

【技术要点】

煎牛柳的火候和烤炉内烤制的时间有关，要求牛柳的成熟度不要太高，切出来的牛肉片颜色呈粉嫩鲜红为宜。

【质量标准】

颜色鲜艳，黑椒味浓，酸辣微甜，肉质细嫩。

【酒水搭配】

此款菜肴适宜和风味浓郁的干红葡萄酒搭配。

任务三　热头盘菜制作

任务描述

热头盘是指西式烹调中各种热食的头盘类开胃菜，常常会使用各类丰富肉类和米面类食材进行加工制作。通常由炸肉丸类、肉串类、主食类、班戟类、焗肉类等菜肴组成，内容丰富，适合配和开胃酒搭配进食，深受人们喜爱，应用范围广泛。本节内容学习时，重点要学会鉴别各类不同肉类食材和米面类菜肴的初加工方法，严格遵守食品安全规范和标准，养成良好的职业卫生操作习惯。

任务目的

使学生了解西式热头盘开胃菜的定义、种类和分类标准，常见西式主食的类型与风味特点，学会常见经典的意大利主食类菜肴，如 Pasta（意大利面）、Ravioli（云吞）、Risotto（烩饭）等的制作方法和要领，明确西式热制类调味酱的作用和原理，掌握西式菜肴调味的原则与方法。

任务驱动

通过西式热开胃菜制作的学习和实训，使学生熟悉西式肉类和米面类原料初加工的正确方法与技巧，熟练掌握常见西式热菜调味酱的制作，掌握西式调味酱与各类海鲜、肉类食材的配合与应用方法，并在今后相应类似菜品中可以合理灵活应用与变化。

知识准备

西餐常见米面类、海鲜和肉类食材原料的名称、类型、特点、风味和外文名称，HACCP 食品安全管理体系知识。

德育修养

通过各种丰富的西式米面类、海鲜、肉类食材加工的实训学习，引导学生践行社会主义核心价值观，培养学生养成学无止境、终身学习的意识和观念，不断提升自己的专业技术能力和知识结构，丰富自身能力；培养学生不怕苦、不怕累，吃苦耐劳的优良品质；西式米面类热开胃菜的许多菜肴品种工艺难度大，技术标准要求高，需要慢工出细活，从而培养学生专注、敬业、精益求精的工匠精神。

任务实施

一、尼斯式烤酿蔬菜（Legumes gratinees Nicoise）

【原料】（成品 4 人份）

牛绞肉 100 克，水果番茄 50 克，洋葱 50 克，蘑菇 50 克，西葫芦 50 克，圆茄子 50 克，青椒 50 克，红椒 50 克，老姜 3 克，大蒜 3 克，香葱 3 克，面包糠 25 克，鸡蛋 50 克，马苏里拉芝士 50 克，鲜罗勒 0.1 克，法香碎 2 克，橄榄油 30 毫升，色拉油 50 毫升，玉米粒 15 克。

【设备器具】

炒锅、细孔滤网、头盘、搅碎机、不锈钢碗、蛋抽、锡箔纸、烤盘。

【制作方法】

（1）先把各种蔬菜清洗干净，有籽的蔬菜掏空内瓤备用；然后把取出的各种蔬菜的内瓤和剩余的蔬菜切碎备用；鸡蛋炒熟备用；锅内放入色拉油把牛绞肉炒干、炒香后取出备用。

（2）炒锅内放入色拉油炒香老姜碎、大蒜碎，然后加入洋葱碎炒香，加入各式蔬菜碎、炒好的牛绞肉、鸡蛋、鲜罗勒、一半的马苏里拉芝士丝、面包糠等，最后放入香葱，调味即可。

（3）烤盘内放入锡箔纸，然后把各式掏空籽的蔬菜放上，里面酿上炒好的牛肉蔬菜馅，上面撒上剩余的芝士丝，入烤炉烤至颜色金黄即可取出装盘。

（4）搅碎机内放入橄榄油、法香碎、鲜罗勒叶制作成香料少司。

（5）头盘内放上各式烤好的蔬菜，淋香料少司，装饰玉米粒即可成菜。

【技术要点】

各种蔬菜为达到美观，可以适当雕刻掏空或是选用小巧的蔬菜来制作。

【质量标准】

造型美观，风味浓厚，营养健康，口感浓郁。

【酒水搭配】

此款菜肴适宜搭配清新的起泡酒或香槟酒。

二、墨西哥焗肉蟹（Baked crab meat on shell topped with curry sauce）

【原料】（成品 4 人份）

花蟹 1500 克，土豆 1000 克，红葱头 15 克，红椒 20 克，青椒 20 克，大蒜 10 克，淡奶油 50 毫升，白兰地酒 10 毫升，西班牙红椒粉 1 克，黄油 15 克，菠菜 50 克，马苏里拉芝士 50 克，芦笋 50 克，柠檬 30 克，鲜茴香 0.2 克，咖喱粉 1 克，姜黄粉 0.2 克，盐、黑胡椒粉适量。

【设备器具】

汤锅、炒锅、细孔滤网、一次性裱花袋、沙拉盘、大盘。

【制作方法】

（1）先把土豆放入汤锅中煮熟，去皮后用细孔滤网压成土豆泥装入一次性裱花袋在沙拉盘上挤成半圆形备用。

（2）花蟹初加工后煮熟，用小叉取出蟹肉备用。保留蟹盖备用；芦笋煮熟备用。

（3）菠菜焯水后，切碎，用大蒜炒香填入土豆泥做的半圆形中。

（4）炒锅内放黄油炒香大蒜、红葱头碎，然后放入红椒碎、青椒碎炒香，再放入咖喱粉、姜黄粉、西班牙红椒粉、黑胡椒粉和蟹肉，燃烧白兰地酒后加入淡奶油、盐、胡椒粉调味。

（5）沙拉盘上装饰芦笋、柠檬角、鲜茴香，把炒好的蟹肉放置在菠菜上，放上马苏里拉芝士，入焗炉烤上色。

（6）最后盖上蟹盖，放置在大盘中即可成菜。

【技术要点】

花蟹肉很少，可以适当添加肉蟹的蟹肉制作菜肴。

【质量标准】

造型美观大方，色泽红润，无蟹壳，肉质鲜美。

【酒水搭配】

此款菜肴作为热开胃菜适宜搭配白兰地酒或香槟酒。

三、焗海鲜斑戟（Seafood pan-cake）

【原料】（成品 4 人份）

面粉 500 克，鸡蛋 150 克，牛奶 250 毫升，黄油 50 克，鲜贝 30 克，虾肉 30 克，鳕鱼 30 克，蘑菇 30 克，洋葱 30 克，白葡萄酒 10 毫升，白汁 100 毫升，马苏里拉芝士 50 克，帕尔玛芝士粉 10 克，法香 10 克，樱桃番茄 10 克，盐、胡椒粉适量。

【设备器具】

不锈钢盆、蛋抽、细孔滤网、煎锅、炒锅、沙拉盘、大盘。

【制作方法】

（1）不锈钢盆内放面粉、鸡蛋、盐、胡椒粉适量，用蛋抽抽打成糊状，慢慢加入牛奶和少许熔化的黄油，调制成斑戟糊。

（2）煎锅内放少许黄油，再放入斑戟糊制成薄面皮，即斑戟皮。

（3）各式海鲜初加工干净后切丁备用；洋葱、蘑菇切丁备用。

（4）炒锅内放黄油炒香洋葱丁、蘑菇丁，然后放入各种海鲜丁炒香，加入白葡萄酒增香，最后加入白汁，放盐、胡椒粉调味。

（5）用斑戟皮包裹适量的炒好的海鲜，1 份 2 个即可。

（6）沙拉盘上放 2 个斑戟卷，淋上剩下的白汁，放马苏里拉芝士、帕尔玛芝士粉，入焗炉把芝士烤香烤上色。装饰法香、樱桃番茄后，放置在大盘上即可成菜。

【技术要点】

（1）制作斑戟皮的面糊要用力打出劲，吃的时候才有弹性。

（2）炒海鲜的时候到九成熟即可，最后焗炉内的温度可使海鲜成熟。

【质量标准】

斑戟有弹性，海鲜甜美，质地细腻，奶香浓郁。

【酒水搭配】

此款菜肴适宜和风味清新的干白葡萄酒搭配。

四、芝士焗生蚝（Baked oysters with Mozzarella cheese）

【原料】（成品 4 人份）

生蚝 2000 克，马苏里拉芝士 150 克，红葱头 25 克，白葡萄酒 100 毫升，牛奶 250 毫升，黄油 100 克，面粉 150 克，法香碎 10 克，黑胡椒碎 15 克，樱桃番茄 10 克，香叶 1 片，土豆 500 克，淡奶油 30 毫升，鸡清汤 100 毫升，柠檬 80 克，盐、胡椒粉适量。

【设备器具】

蚝刀、煎锅、开胃菜盘、细孔滤网、炒锅、蛋抽、擦皮器。

【制作方法】

（1）先把生蚝洗净，用蚝刀撬开。取出生蚝肉备用，清洗干净生蚝壳备用。

（2）锅内放黄油、香叶、红葱头碎炒香，加入面粉炒熟。锅底降温后，加入适量鸡清汤、牛奶、淡奶油调味成白色基础汁。

（3）煎锅内放黄油炒红葱头碎、黑胡椒碎，加入生蚝肉和白葡萄酒，煮制大约 1 分钟即可取出，过滤。

（4）制作好土豆泥，垫盘底，放上干净的生蚝壳，再放上过滤后的生蚝肉，淋白色基础汁，撒上马苏里拉芝士丝，入烤炉烤上色即可。

（5）烤好的生蚝出炉后，装饰樱桃番茄、法香碎、柠檬角即可成菜。

【技术要点】

生蚝的壳清洗时，最好反复清洗浸泡，以除去腥味。

【质量标准】

色泽金黄，奶香浓郁，生蚝鲜嫩多汁。

【酒水搭配】

此款菜肴适宜搭配清新甘爽的白葡萄酒。

五、法式焗蜗牛（Escargots à la Bourguignonne）

【原料】（成品 4 人份）

罐头蜗牛肉 100 克，洋葱 25 克，西芹 25 克，香叶 0.1 克，鲜罗勒 0.2 克，迷迭香 0.2 克，百里香 0.2 克，大蒜 50 克，白兰地酒 50 克，黄油 100 克，鸡蛋 50 克，西班牙红椒粉 0.2 克，银鱼柳 1 克，法香 5 克，黑胡椒 0.2 克，干白葡萄酒 30 毫升，土豆 500 克，盐、胡椒粉适量。

【设备器具】

蜗牛壳、蜗牛碟、不锈钢盆、沙拉盘、搅拌器、炒锅。

【制作方法】

（1）取出罐头蜗牛肉，清洗沙肠。炒锅内放黄油少许，炒香大蒜碎，然后加入切碎的洋葱、西芹、香叶、鲜罗勒、迷迭香、百里香少许和蜗牛肉炒香，先加入一半白兰地酒使之燃烧，加入适量盐、胡椒粉调味。

（2）搅拌器里放入剩下的黄油搅拌到发白、发泡，加入剩下切碎的洋葱、西芹、香叶、鲜罗勒、迷迭香、百里香和鸡蛋黄、西班牙红椒粉、银鱼柳、法香碎、黑胡椒、干白葡萄酒搅匀后冷冻备用。

（3）土豆煮熟后制作成土豆泥，铺在蜗牛碟上备用；取出冷冻后的蜗牛黄油，在蜗牛壳内先塞入少许蜗牛黄油，再塞入蜗牛肉一个，并塞入蜗牛黄油封住，放置在蜗牛碟的六个凹洞上，放入焗炉中把黄油焗化。

（4）取出蜗牛碟，放置在火上，燃烧白兰地酒增香即可装在沙拉盘中成菜。

【技术要点】

填塞蜗牛肉时，蜗牛的舌足向上。填塞肉时不要太深，要方便食用时挑出。

【质量标准】

蒜香浓郁，味道鲜美，酒香扑鼻，色泽艳丽。

【酒水搭配】

此款菜肴适宜和风味淡雅的干白葡萄酒搭配。

六、芦笋鸡酥盒（Chicken vol-au-vent）

【原料】（成品 4 人份）

黄油 20 克，红葱头 30 克，鸡胸肉 150 克，芦笋 150 克，蘑菇 50 克，干白葡萄酒 10 毫升，白汁少司 100 克，淡奶油 25 毫升，酥盒 4 个，法香 1 克，樱桃番茄 5 克，黄椒 15 克，盐、胡椒粉适量。

【设备器具】

不锈钢盆、沙拉盘、炒锅、细孔滤网。

【制作方法】

（1）鸡胸肉、芦笋、蘑菇切小丁备用；红葱头切碎备用；炒锅内烧开水，放入鸡胸肉、芦笋、蘑菇丁，煮八成熟备用；把烤热的酥盒，放沙拉盘上，掏出中间的盖子放旁边。

（2）炒锅内放黄油炒香红葱头碎，加入鸡胸肉、芦笋、蘑菇丁，加入干白葡萄酒增香后，放入适量白汁少司、盐、胡椒粉调味，起锅时加入淡奶油。

（3）把炒好的鸡胸肉放入酥盒中央，盖上盖子；沙拉盘上装饰黄椒片、樱桃番茄、法香即可成菜。

【技术要点】

鸡胸肉烹调中时间掌握必须恰到好处，否则肉质会太老或不熟。

【质量标准】

菜肴质地细嫩，奶香浓郁，色泽自然，酥盒酥脆。

【酒水搭配】

此款菜肴适宜和风味清新的干白葡萄酒搭配。

七、香炸芝士球（Deep-fried Mozzarella cheese ball）

【原料】（成品 4 人份）

马苏里拉芝士 100 克，鸡蛋 100 克，面粉 100 克，面包糠 50 克，吐司面包 100 克，脐橙 100 克，法香碎 2 克，红椒 5 克，橙汁 50 毫升，色拉油 500 毫升。

【设备器具】

沙拉盘、不锈钢盆、汤锅、细孔滤网、搅碎机。

【制作方法】

（1）先把马苏里拉芝士做成直径 1 厘米的小球备用。

（2）鸡蛋、面粉调整成面糊备用；吐司面包去四边后切成长方形，中间压出两个凹点备用。

（3）法香碎、橙汁淋在色拉盘上作装饰，再用脐橙肉、红椒装点盘头。

（4）汤锅内烧热色拉油，先把吐司面包炸至色泽金黄，取出放置在吸油纸上备用。

（5）芝士球先粘上厚重的面糊，再粘面包糠，用手搓圆后放入油锅炸至色泽金黄，刚开始流出芝士时立即取出。

（6）沙拉盘上先放吐司面包片，再把炸好的芝士球放在吐司面包的凹点上即可成菜。

【技术要点】

芝士受热开始熔化，菜肴要求切开的芝士球内部芝士软化，因此炸制的温度和时间的控制是关键点。

【质量标准】

色泽金黄，外酥内软，造型美观，芝士香浓。

【酒水搭配】

此款菜肴适宜和风味清淡的干白葡萄酒搭配。

八、法国肥鹅肝（Foie gras）

【原料】（成品 4 人份）

肥鹅肝 400 克，面粉 50 克，脐橙 100 克，鲜葡萄 25 克，红葡萄酒 50 毫升，香脂黑醋 100 毫升，紫云生菜 25 克，杨桃 25 克，白糖 15 克，法香碎 1 克，红椒 2 克，吐司面包 4 片，黄油 5 克，盐、胡椒粉适量。

【设备器具】

煎锅、少司锅、头盘、大盘。

【制作方法】

（1）肥鹅肝切成 4 份厚片，撒盐、黑胡椒，粘面粉备用。

（2）香脂黑醋、红葡萄酒、橙汁、鲜葡萄放入少司锅，浓缩后成酸甜少司备用。

（3）杨桃切薄片放入煎锅，撒白糖少许煎上色，变脆即可；吐司面包用黄油煎上色。

（4）盘头装饰紫云生菜、杨桃片、红椒丝、法香碎及切好的脐橙肉。

（5）肥鹅肝直接放在煎锅内大火煎上色，表明微微有点脆即可。

（6）盘内先放上吐司面包片，然后摆放上鹅肝，淋酸甜少司。

【技术要点】

鹅肝很肥，煎的时候不用放油；大火煎上色，才不会出油影响质量。

【质量标准】

色泽金黄，外酥内嫩，肥而不腻，酸甜解腻。

【酒水搭配】

此款菜肴适宜搭配味道浓郁的甜白葡萄酒。

任务四 辅菜类制作

任务描述

辅菜类开胃菜是指西式烹调中各种简捷便利的快餐类开胃菜，常常会使用各类丰富肉类和米面类食材进行加工制作。通常由三明治、披萨、炒面等菜肴组成，内容丰富，适合配和开胃酒搭配进食，深受人们喜爱，应用范围广泛。本节内容学习时，重点要学会各类简捷快餐类菜肴的加工方法，严格遵守食品安全规范和标准，养成良好的职业卫生操作习惯。

任务目的

使学生了解西式辅菜类开胃菜的定义、种类和分类标准，常见西式辅菜类简餐菜肴的类型与风味特点，学会常见三明治、披萨、炒面、土豆类焗酿菜肴等的制作方法和要领，明确西式辅菜类简餐菜肴的应用方法，掌握西式菜肴调味的原则与方法。

任务驱动

通过西式辅菜类开胃菜制作的学习和实训，使学生熟悉西式辅菜类开胃菜原料初加工的正确方法与技巧，熟练掌握常见三明治、披萨、炒面、土豆类焗酿菜肴的制作技法，并在今后相应类似菜品中可以合理灵活应用与变化。

知识准备

西餐常见米面类、海鲜和肉类食材原料的名称、类型、特点、风味和外文名称，HACCP 食品安全管理体系知识。

德育修养

通过各种简捷的西式辅菜类开胃菜的实训学习，引导学生践行社会主义核心价值观，加强学生的基本功训练，培养学生养成从小事做起，从细节入手，养成专心细致、不厌其烦、恪守初心的良好品质，培养学生持之以恒、坚持基本功强化训练的态度，养成敬业爱岗、精益求精的职业精神。

任务实施

一、西班牙海鲜饭（Paella）

【原料】（成品 4 人份）

橄榄油 100 毫升，鸡腿 50 克，西班牙肉肠 50 克，洋葱碎 30 克，大蒜 15 克，长香米 400 克，白葡萄酒 100 毫升，藏红花 0.1 克，西班牙红椒粉 0.1 克，番茄 50 克，大

虾 50 克，青口 50 克，鲜鱿鱼 50 克，蛤蜊 50 克，淡水龙虾 50 克，青椒 15 克，红椒 15 克，青豆 15 克，法香碎 1 克，柠檬 50 克，鸡清汤 500 毫升，盐、胡椒粉适量。

【设备器具】

细孔滤网、西班牙特色双耳平底锅、炒锅。

【制作方法】

（1）先初加工各种海鲜，清洗干净。青豆煮熟备用、藏红花泡水备用。

（2）直接在西班牙特色双耳平底锅内放橄榄油，炒香鸡腿块、西班牙肉肠块，取出备用。

（3）然后再在锅内放入大蒜、洋葱碎炒香，加入长香米炒至米粒亮油，加入白葡萄酒煮出单宁酸，加入泡制的藏红花、西班牙红椒粉调色，再加入鸡清汤、盐、胡椒粉调味后盖上锡箔纸，入烤炉烤至米饭八成熟。

（4）各式海鲜摆放在米饭上，加盖入烤炉烤制九层熟即可放上番茄丁、青椒丁、红椒丁、青豆，焖 3 分钟即可。

（5）出菜的时候撒法香碎、配柠檬角即可。

【技术要点】

（1）海鲜中的淡水龙虾很难熟透，烹调时可以先焯水。其他海鲜如果不是特别新鲜，最好焯水后使用。

（2）藏红花价格昂贵，可以适量添加川红花或使用咖喱粉、番茄汁调色。

（3）西餐中的米饭一般是九成熟的夹生米饭。

【质量标准】

色泽金黄，美观大气，咸鲜香浓，营养美味。

【酒水搭配】

此款菜肴适宜搭配味道霸气的朗姆酒。

二、意大利蛤蜊炒面条（Pan fried clams with spaghetti）

【原料】（成品 4 人份）

意大利面 400 克，法香碎 15 克，蛤蜊 500 克，大蒜 15 克，橄榄油 100 毫升，干辣椒丝 1 克，白葡萄酒 100 毫升，培根 30 克，红葱头 15 克，盐、胡椒粉适量。

【设备器具】

汤锅、炒锅、细孔滤网、大盘。

【制作方法】

（1）蛤蜊提前一天用清水养殖，滴入少许油让它吐沙。用小刀撬开蛤蜊，去掉蛤蜊内的砂囊，清洗干净备用。

（2）汤锅内烧开水加少许盐，煮制意大利面，冲冷水，加少许油备用。

（3）炒锅内放入橄榄油，炒香红葱头、大蒜、培根碎、干辣椒丝，加入蛤蜊炒熟，淋入白葡萄酒，收干单宁酸后放入意大利面条炒匀，调味。

（4）装盘后撒上剩下的干辣椒丝和法香碎即可。

【技术要点】

（1）蛤蜊要清洗干净，否则有泥沙。

（2）炒制蛤蜊的火候要恰当，避免海鲜变老。

【质量标准】

面条滑爽，蛤蜊咸鲜，肉质细嫩，色泽淡雅。

【酒水搭配】

适合搭配清新淡雅的白葡萄酒或香槟酒。

三、俄式烤鱼（Old-fashioned fish pie with mashed potatoes，Russian style）

【原料】（成品 4 人份）

石斑鱼 150 克，三文鱼 100 克，牛奶 100 毫升，洋葱 50 克，香叶 1 片，培根 50 克，豆蔻粉 1 克，土豆 1000 克，青豆 50 克，马苏里拉芝士 50 克，切达芝士 25 克，黄油 50 克，面粉 120 克，鸡蛋 50 克，鲜罗勒叶 2 片，樱桃番茄 15 克，大蒜 25 克，盐、胡椒粉适量。

【设备器具】

炒锅、细孔滤网、擦皮器、裱花袋、花嘴、蛋刷、陶瓷焗盘。

【制作方法】

（1）土豆去皮削成 2 厘米左右的圆柱体，切薄片后备用。剩余的土豆制成土豆泥备用。

（2）锅内放牛奶、洋葱、香叶、盐、胡椒粉适量煮制石斑鱼条、三文鱼条，煮好后过滤备用。

（3）黄油炒面粉加煮鱼的牛奶水，制成白汁少司（Bechamel sauce），趁热拌入切达芝士、马苏里拉芝士熔化，调味备用。

（4）焗盘内抹大蒜，放入煮好的鱼肉、培根片、煮熟的青豆，淋拌有芝士的白汁少司，然后拌匀。

（5）土豆泥调味加入豆蔻粉，抹在鱼肉表面，上面裱花后放上薄土豆片，刷蛋液入烤炉烤上色即可成菜。

（6）出炉后，装饰法香、樱桃番茄、鲜罗勒叶即可成菜。

【技术要点】

（1）煮鱼的时候小心翻动，避免碎掉。

（2）白汁少司和芝士混合的时候注意稠度。

（3）制作的土豆泥的软硬度决定烤鱼的美观。

【质量标准】

色泽金黄，奶香浓郁，鱼肉细腻，美观大方。

【酒水搭配】

此款菜肴特别适合搭配味美思酒来凸显菜肴的复合香气。

四、海鲜意大利面（Seafood macaroni with tomato sauce）

【原料】（成品 4 人份）

意大利面 400 克，黄油 50 克，大蒜 25 克，培根 50 克，洋葱 50 克，西芹 50 克，鲜番茄 100 克，番茄酱 50 克，面粉 25 克，鸡清汤 150 毫升，白葡萄酒 25 毫升，大虾 50 克，青口 50 克，蛤蜊 50 克，鲜鱿鱼 50 克，扇贝 50 克，香叶 1 片，鲜罗勒 1 片，阿里根奴香草 0.1 克，橄榄油 50 毫升，白糖、盐和胡椒粉适量。

海鲜意大利面制作

【设备器具】

汤锅、炒锅、细孔滤网、大盘。

【制作方法】

（1）先初加工所有海鲜，清洗干净备用。

（2）青口、扇贝、蛤蜊放入香味蔬菜水中煮熟备用。

（3）意大利面放入开水中煮好，冲冷水后过滤备用。

（4）锅内放黄油炒香大蒜、培根碎，然后放入洋葱碎炒香，加入西芹、鲜番茄碎、番茄酱、面粉炒香，加入鸡清汤熬制成番茄少司，加入少许白糖、盐、胡椒粉调味备用。

（5）锅内放橄榄油炒香大虾、蛤蜊、青口、鲜鱿鱼、扇贝等海鲜，然后放入白葡萄酒、香叶、阿里根奴香草，再加入番茄酱调味成汁。

（6）锅内烧开水烫好意大利面后过滤，装入大盘中间，淋海鲜番茄汁，面上撒鲜罗勒碎即可成菜。

【技术要点】

（1）意大利面烫好后过滤，充分沥干水分，再淋少司。

（2）调味的时候注意先咸、后酸、再甜的调味顺序。

【质量标准】

色泽红亮，酸甜鲜美，番茄味浓郁鲜香。

【酒水搭配】

此款菜肴可以搭配普通的白葡萄酒食用。

五、夏威夷海鲜比萨（Hawaiian seafood pizza）

【原料】（成品 4 人份）

高筋面粉 500 克，橄榄油 15 毫升，盐 3 克，鸡蛋 100 克，酵母 3 克，黄油 25 克，大蒜 15 克，培根 25 克，洋葱 50 克，西芹 25 克，鲜番茄 100 克，番茄酱 25 克，面粉 25 克，鸡清汤 50 毫升，白糖 25 克，阿里根奴香草 0.2 克，香叶 1 片，比萨芝士 150 克，鲜菠萝 50 克，青椒 15 克，红椒 15 克，鲜鱿鱼 25 克，大虾 25 克，石斑鱼 25 克，银鱼柳 1 克，黑橄榄 1 克，鲜罗勒 1 片，玉米粒 15 克，胡椒粉适量。

【设备器具】

比萨烤盘、不锈钢盆、炒锅、大盘。

【制作方法】

（1）高筋面粉、鸡蛋、酵母、盐、橄榄油、温水混合调制成面团，醒发备用。

（2）制作番茄汁：黄油炒香大蒜、培根、洋葱碎，加入西芹、鲜番茄碎、番茄酱、面粉炒香，加入适量鸡清汤，盐、胡椒粉、白糖、香叶、阿里根奴香草等调味。

（3）所有海鲜初加工后，焯水备用。

（4）醒发好的面团分割成 150 克的面团，擀开成饼，抹上番茄汁，然后放上洋葱圈、青椒圈、红椒圈、菠萝块、焯过水的各式海鲜、银鱼柳、黑橄榄片，撒上比萨芝士丝、玉米粒，淋少许橄榄油即可入烤炉。上火 180℃、下火 220℃，烤成金黄色即可。

（5）出炉的比萨撒鲜罗勒叶碎、橄榄油即可。

【技术要点】

（1）比萨制作中盐的使用比较少，所以番茄汁制作的时候盐要放多一些。

（2）海鲜在烤制的时候容易出水，所以一般先焯水备用。

【质量标准】

色泽金黄，芝香浓郁，咸鲜微甜，菠萝风味独特。

【酒水搭配】

比萨一般搭配可口可乐口味最佳。

六、金枪鱼三明治（Tuna fish sandwich）

【原料】（成品 4 人份）

罐头金枪鱼 150 克，吐司面包 500 克，洋葱 50 克，西芹 50 克，番茄 200 克，直叶生菜 100 克，马乃司汁 100 克，黄油 50 克，冰冻薯条 100 克，紫云生菜 30 克，狗芽生菜 30 克，柠檬 25 克，红椒丝 25 克，盐、胡椒粉适量。

【设备器具】

不锈钢盆、沙拉盘、锯齿刀、吐司炉、细孔滤网、花牙签。

【制作方法】

（1）打开金枪鱼罐头，用细孔滤网过滤掉里面的油备用；沙拉盘内用紫云生菜、狗芽生菜、柠檬角、红椒丝作盘头装饰备用；取出金枪鱼肉和洋葱碎、西芹碎、马乃司汁拌匀备用。

（2）吐司面包三片放入吐司炉烤至微黄，取出用小刀在面包的一面抹上黄油。

（3）先取一片吐司面包（有黄油的一面向上）放上一片直叶生菜叶、一片番茄片，然后放上调和好的金枪鱼馅，覆盖上吐司面包；再放上一片直叶生菜叶、一片番茄片，然后放上调和好的金枪鱼馅，覆盖上吐司面包（有黄油的一面向下）。

（4）在三明治吐司的4个边插上花牙签固定，用锯齿刀先切掉吐司面包的4个边，再对角切开成4份小三角；冰冻薯条入油炉炸至色泽淡金黄，取出后撒盐、胡椒调味备用。

（5）沙拉盘下部放上4个小三角的三明治（牙签不取），盘头右边放薯条即可成菜。

【技术要点】

三明治切割时注意不要用力压面包，避免吐司面包变形。

【质量标准】

造型立体，简单快捷，面包酥脆，清爽不腻。

【酒水搭配】

此款菜肴适宜和风味清淡的桃红葡萄酒搭配。

七、意大利肉酱面条（Spaghetti Bolognaise）

【原料】（成品4人份）

意大利面400克，色拉油15毫升，牛绞肉150克，胡萝卜50克，洋葱80克，西芹50克，番茄150克，番茄酱50克，面粉20克，大蒜15克，布朗基础汤500毫升，鲜阿里根奴香草0.1克，鲜罗勒0.1克，香叶1片，黄油100克，芝士粉30克，盐、胡椒粉适量。

【设备器具】

汤锅、炒锅、细孔滤网、大盘、不锈钢盘、焗炉。

【制作方法】

（1）汤锅内烧开水，放入少许盐、色拉油煮意大利面，煮好后过滤冲冷水，沥干水分，撒少许色拉油备用。

（2）炒锅内放入黄油炒香大蒜、牛绞肉，炒干、炒香后放入洋葱碎、胡萝卜碎炒香，然后放入番茄酱、番茄碎、面粉适量，加入布朗基础汤、鲜阿里根奴香草、鲜罗勒、香叶，调味后熬制30分钟左右，最后放入西芹碎，取出香叶即成肉酱汁。

（3）炒锅内放入黄油炒香大蒜、西芹、番茄碎、番茄酱，调味即成番茄汁。

（4）汤锅内烧开水，烫热意大利面，沥干水分装入大盘中。

（5）淋上大量肉酱汁，顶上放上少许番茄汁，然后撒芝士粉，入焗炉焗至芝士上色即可成菜。

【技术要点】

意大利面根据使用情况来确定煮制时间，如果立即食用，煮10分钟；如果要冲冷水存放、再烫热使用的，煮8分钟口感最佳。

【质量标准】

酱汁红润，肉质细腻，面条筋道，味道浓郁。

【酒水搭配】

此款菜肴适宜搭配红葡萄酒。

八、烧炭党式意大利面（Spaghetti à la Carbonara）

【原料】（成品 4 人份）

意大利面 400 克，黄油 100 克，大蒜 30 克，培根 100 克，洋葱 100 克，淡奶油 200 毫升，芝士粉 100 克，鲜罗勒 2 克，法香 1 克，樱桃番茄 5 克，色拉油 10 毫升，盐、胡椒粉适量。

【设备器具】

汤锅、炒锅、细孔滤网、大盘、不锈钢盘。

【制作方法】

烧炭党式意大利面理论讲解

（1）汤锅内烧开水，放入少许盐、色拉油煮意大利面，煮好后过滤冲冷水，沥干水分，撒少许色拉油备用。

（2）炒锅内放入黄油熔化，炒香大蒜碎、培根丝，然后放入洋葱丝，炒香后加入意大利面、淡奶油、大量芝士粉，调味后即可装盘。

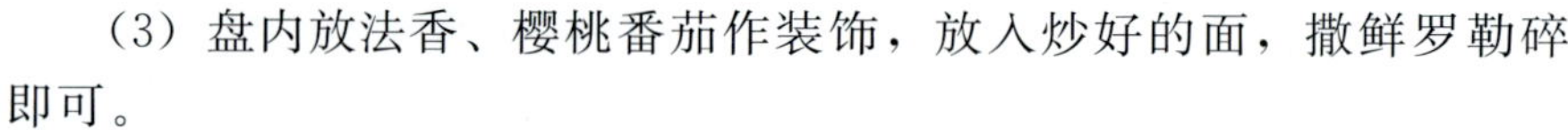

（3）盘内放法香、樱桃番茄作装饰，放入炒好的面，撒鲜罗勒碎即可。

【技术要点】

淡奶油价格比较高，但口味最佳，如果考虑成本可适量加入白汁来制作。

【质量标准】

奶香浓郁，芝香厚重，色彩淡雅，风格独特。

【酒水搭配】

此款菜肴适宜搭配清新淡雅的白葡萄酒。

课后拓展与思考

（1）西餐开胃菜的品质鉴别标准和方法是什么？

（2）西餐开胃菜分为哪些类型，在菜肴中应用的原则和技巧是什么？

（3）西餐开胃菜在制作中，如何将原料和少司酱汁进行配合搭配？

（4）请用中英文列出西餐中常见开胃菜品种的制作工艺，如配方、制作方法、制作要领和应用范围等。

西式汤菜制作与实训

西式汤菜制作与实训

项目导读

西餐汤的历史可能与烹饪的历史一样悠久。在大锅中混合各种食材制作成营养、易于消化的菜品。这使其成为健康人、残障人士的理想选择。汤（以及炖菜、粥、稀饭等）根据当地食材和口味而变。西班牙冷汤、俄罗斯罗宋汤、意大利蔬菜通心粉汤、法国洋葱汤等都是同一主题的变化类型。

西餐的汤和炖菜十分相似，但又有所区别。许多时候，特别是早期的时候，西餐的汤被视为高级菜肴，突出健康、经济的食用理念，甚至可以作为第一道菜肴上菜。在本单元的学习中，要充分了解不同国家或地区汤菜的风格、特点和风土人情，才能更好地呈现出不同汤菜的特点与风味。

理论学习目标

（1）了解并学习西餐中常见汤菜的种类和特点。

（2）学习并掌握西餐汤类菜肴的原料配方、制作工艺、成菜标准及应用变化。

（3）掌握西餐菜肴品质鉴别的标准和方法。

（4）掌握西餐中常见汤菜的装盘和装饰技法，能够按照标准化程序，独立进行各式汤菜品种的规范操作、熟练运用与变化。

实践应用目标

（1）掌握现代西餐汤菜的变化与应用，以多角度的形式呈现西式汤菜的特色。

（2）熟练掌握现代烹饪设备的应用方法，遵守食品安全的规范与标准，学习实训单品加工与批量生产的技术操作要领。

（3）在西式汤菜项目学习中，积极了解该行业发展动向，拓展新知识，着力提高烹饪科学素养的培养，注重在创新精神与实践能力方面的锻炼，以进一步提高创新能力和应变能力。

德育修养

通过各种西式清汤菜肴的实训学习，引导学生践行社会主义核心价值观，加强学生的基本功训练，培养学生养成科学探索的习惯和精神，用清汤成菜原理的实验分析引导学生发扬探索、求真和创新的意识和能力，发挥继承传统，培养勇于创新的精神。

学习目标

了解并学习西餐中常见汤菜的种类、特点、原料配方、制作工艺、成菜标准及应用变化；学习并掌握西餐汤菜制作的技术要点、装盘和装饰技法，并能够按照标准化程序，独立制作和创新各式汤菜。

西餐中汤菜指的是成品汤菜，可以直接装盘成菜品，不同于西餐中的基础汤，制作好后，可以直接上菜即成。而基础汤，英文为 stock，法文为 fond，是西餐中汤菜制作、菜肴烹调、少司调味时的基础原料，类似中餐的高汤（鲜汤）。同时，炖肉中的汤与汤锅中直接盛出的高汤一般不被称为西餐中的汤（菜）。

汤菜通常作为西餐中的第二道菜，英文是 soup，法文是 potage，是以畜肉、禽类、鱼类和蔬菜为原料制成的，烹调后汁量丰富的食物，有开胃、醒口、解腻等作用。

西餐中的汤菜分为四大类：冷汤、清汤、浓汤、特制汤（特色汤）。大多数汤不论其最终的组成是什么，一般都是以基础汤为根本的。因此，汤的制作质量也会受到基础汤的影响。鸡肉基础汤是制作汤菜时使用频率较高的一种基础汤。

1．冷汤

冷汤又称冻汤，这种汤的温度一般比较低，4℃左右，甚至更低，多出现在夏季菜单中，具有开胃、解暑的作用。通常冷汤是制作好的汤菜放入冰箱等冷藏设备中，使汤菜清凉爽口。

2．清汤

清汤都是以透明的、没有增稠的肉汤或基础汤制成的。其制作工艺流程简单，一般用各种蔬菜和肉作为配料，根据汤中的配料的不同可分为以下几类。

1）煮肉清汤或炖肉清汤

煮肉清汤或炖肉清汤通常呈鲜物是以畜类与禽类的产物为主，经过澄清工艺透明汤体不含有固体成分。这种汤稍加调味即可成为一道汤菜。

2）蔬菜清汤

蔬菜清汤指的是向透明的、调味后的基础汤或煮肉清汤中额外加入一种或多种蔬菜，偶尔也会加一些肉类或禽类制品及淀粉制作而成的汤品。

3）清炖肉汤

清炖肉汤是经过澄清的、富含多种成分的基础汤或煮肉汤。优质的清炖肉汤，汤体清澈透明、丰富而又有浓郁的香味，其质量远远超过简单制作的煮肉清汤，因而被认为是所有汤类菜肴中的上品。

3．浓汤

与清汤不同，浓汤呈不透明状，一般通过增稠剂来增稠，根据烹调加工方法的不同，一般分为以下几种类型。

1）奶油汤

奶油汤是指经过增稠剂增稠并添加牛奶与奶油的汤。奶油汤与白色少司或牛奶少司很相似，可以由这两种少司中的任意一种经过稀释并加入适当的调味品制作而成。奶油汤通常以其主要原料命名，如蘑菇奶油汤、芦笋奶油汤等。

2）蓉汤

蓉汤的制作，通常是将熬煮好的汤通过果汁搅碎机搅成蓉。蓉汤中也可加入牛奶和淡奶油。

3）浓菜汤

浓菜汤是以贝类水产品原料浓缩而成的，其制作的最后一道工序通常加点奶油。

4）虾蟹浓汤

虾蟹浓汤是由虾或蟹的壳为主要原料熬煮出（榨出）的汤汁，并经过增稠得到的汤。浓汤不像奶油汤那样润滑，汤中可加牛奶与淡奶油。

4．特制汤

特制汤是以特殊的原料或制作方法制作的与清汤及浓汤有区别的汤类菜肴，包括个别国家或地区的特殊汤菜，以及适合素食者食用的蔬菜汤。

任务一　冷汤类制作

任务描述

冷汤又称冻汤，是一种温度相对较低的汤，一般是4℃，通常将制好的汤菜放入冰箱冷藏或是用冰块降温。一般是夏季菜单中出现，具有开胃、解暑的作用。要注意一般冷汤的制作不用把汤盘或汤盅冷却，避免形成冰晶或底部冷凝的现象。本节内容学习时，重点要学会冷汤菜肴原料选料的原则和方法，注意原料风味搭配的技巧，严格遵守食品安全规范和标准，养成良好的职业卫生操作习惯。

任务目的

使学生了解西式冷汤的定义、种类和分类标准，常见西式冷汤的类型与风味特点，学会常见西式冷汤菜肴等的制作方法和要领，明确西式冷汤菜肴的应用方法，掌握西式菜肴调味的原则与方法。

任务驱动

通过西式冷汤制作的学习和实训，使学生熟悉西式冷汤原料初加工的正确方法与技巧，熟练掌握常见西式冷汤菜肴的制作技法，并在今后相应类似菜品中可以合理灵活应用与变化。

知识准备

西餐常见各类食材原料的名称、类型、特点、风味和外文名称，以及常见基本西餐

烹调技法的英文方式，以及 HACCP 食品安全管理体系知识。

德育修养

通过各种西式冷汤菜肴的实训学习，引导学生践行社会主义核心价值观，加强学生的基本功训练，培养学生养成科学探索的习惯和精神，用冷汤成菜原理的实验分析引导学生发扬探索、求真和创新的意识和能力，发挥继承传统，培养勇于创新的精神。

任务实施

一、安达卢西亚冷汤（Andalou gazpacho）

【原料】（成品 4 人份）

番茄 500 克，青椒 200 克，黄瓜 200 克，洋葱 50 克，大蒜 4 克，橄榄油 20 毫升，葡萄酒醋少许，面包 100 克，小茴香 1 克，盐、胡椒粉适量。

【设备器具】

汤碗或汤盘、不锈钢盘、少司盅、汤锅、搅碎机等。

【制作方法】

将番茄、大蒜、橄榄油、葡萄酒醋、面包、小茴香原料用搅拌机搅拌，然后调味，冷藏 2～3 小时，配青椒丁、黄瓜丁、洋葱丁即可。

【质量标准】

色泽鲜红，咸酸开胃。

【技术要点】

此菜需提前做，冰镇，上菜时可配面包片。

【适用范围】

夏季开胃汤。

二、黄瓜冷汤（Cucumber gazpacho）

【原料】（成品 4 人份）

黄瓜 300 克，苹果醋 5 克，糖 4 克，八角 1 克，柠檬汁 15 毫升，香菜 2 克，淡奶油 10 毫升，酸奶 20 毫升，冰块适量，杏仁 4 克，盐、胡椒粉适量。

【设备器具】

擦碎板、汤盘、不锈钢盘、少司盅、搅碎机。

【制作方法】

（1）黄瓜去皮籽后用苹果醋腌制 4 小时。

（2）上菜前将黄瓜与其他原料用搅碎机搅成蓉，略装饰即可。

【质量标准】

色泽翠绿，咸酸开胃。

【技术要点】

此菜需提前做，冰镇，上菜时可配面包片。

【适用范围】

夏季开胃汤。

三、胡萝卜冷汤（Carrot gazpacho）

【原料】（成品 4 人份）

胡萝卜 600 克，大蒜 4 克，小茴香 1 克，橄榄油 4 克，鸡汤 1 升，香橙 2 个、香叶芹 2 片，橙汁、糖、盐和胡椒粉适量。

【设备器具】

擦砧板、汤盘、不锈钢盘、少司盅、搅碎机。

【制作方法】

（1）胡萝卜去皮后与大蒜、小茴香、糖、少许鸡汤煮沸，煮至胡萝卜软熟，然后加橙汁继续煮，冷却。取出部分胡萝卜泥急冻。

（2）将剩余的鸡汤与胡萝卜泥搅匀成胡萝卜汤，调味，冷藏。

（3）将急冻的胡萝卜泥用勺子刮成橄榄形，放在盘中央，倒入冷藏后的胡萝卜汤，用香叶芹装饰即可成菜。

【质量标准】

色泽橙黄，口味回甜带酸。

【技术要点】

此菜需提前做，冰镇，上菜时可配面包片。

【适用范围】

夏季开胃汤。

任务二 清汤类制作

任务描述

西式清汤一般是用透明的、没有增稠的肉汤或基础汤制成的。最早出现于 16 世纪法国美食的代表作《弗朗索瓦大厨》（Le cuisinier françois）中，由现代法国烹饪的奠基人皮埃尔·弗朗索瓦·德·拉·瓦伦（Pierre François de La Varenne）发明。通常制作清汤时可以使用煮肉的肉汤或是炖肉的肉汤，以及蔬菜的清汤，通过肉糜、蛋白混合后加热澄清制成，深受人们喜爱，应用范围广泛。本节内容学习时，重点要学会肉汤的制作和清汤肉糜加工方法和蔬菜切配的技法，严格遵守食品安全规范和标准，养成良好的职业卫生操作习惯。

任务目的

使学生了解西式清汤菜的定义、种类和分类标准，常见西式清汤的类型与风味特点，学会常见西式清汤菜肴等的制作方法和要领，明确西式清汤菜肴的应用方法，掌握西式菜肴调味的原则与方法。

任务驱动

通过西式清汤制作的学习和实训，使学生熟悉西式清汤原料初加工的正确方法与技巧，熟练掌握常见西式清汤菜肴的制作技法，并在今后相应类似菜品中可以合理灵活应用与变化。

知识准备

西餐常见各类食材原料的名称、类型、特点、风味和外文名称，以及常见基本西餐烹调技法的英文方式，以及 HACCP 食品安全管理体系知识。

德育修养

通过各种西式清汤菜肴的实训学习，引导学生践行社会主义核心价值观，加强学生的基本功训练，培养学生养成科学探索的习惯和精神，用清汤成菜原理的实验分析引导学生发扬探索、求真和创新的意识和能力，发挥继承传统，培养勇于创新的精神。

任务实施

一、蔬菜清汤（Clear vegetable soup）

【原料】（成品 4 人份）

洋葱 100 克，胡萝卜 60 克，西芹 60 克，青豌豆 50 克，鸡肉基础汤 6 升，黄油 30 克，盐、胡椒粉适量。

【设备器具】

汤盘或汤盅、不锈钢盘、汤锅、纱布、不锈钢盆等。

【制作方法】

（1）将洋葱、胡萝卜、西芹切丁，青豌豆煮熟。

（2）将蔬菜用少许黄油炒香、不上色，然后加入鸡肉基础汤煮至蔬菜成熟，去表面杂质，加盐和胡椒粉调味即可成菜。

【质量标准】

汤色澄清，蔬菜味浓郁。

【技术要点】

炒蔬菜时不上色。可选其他蔬菜原料代替以上原料。

【适用范围】

此款菜肴适用于宴会、套餐。

二、鸡肉清汤（Chicken consommé）

【原料】（成品 4 人份）

鸡胸肉 1000 克，蛋白 4 个，芹菜 100 克，百里香 1 克，香叶 1 片，法香碎 2 克，

整黑椒 6 粒，洋葱 1 片，鸡腿肉 80 克，西芹丝 100 克，鸡肉基础汤 4000 毫升，盐、胡椒粉适量。

【设备器具】

汤盘或汤盅、不锈钢盘、汤锅、纱布、不锈钢盆等。

【制作方法】

（1）将鸡蛋白、鸡胸肉碎、鸡腿肉、芹菜碎、香叶、百里香煎上色的洋葱片、盐、胡椒粉加入鸡肉基础汤煮开后转为小火，将煮熟的鸡腿捞出切成丝备用。

（2）待锅内汤中的肉团漂浮在汤面后，小心取出，将汤过滤，然后用盐和胡椒粉调味。

（3）上汤时加鸡肉丝与西芹丝、法香碎即可。

【质量标准】

汤色澄清透明，无杂质，味醇鲜美。

【技术要点】

注意清汤一直以小火熬煮，至澄清，清理杂质动作要轻。

【适用范围】

此款菜肴适用于宴会、套餐。

三、海鲜清汤（Clear seafood soup）

【原料】（成品 4 人份）

文蛤 100 克，扇贝 200 克，海鲈鱼 100 克，海螯虾 500 克，蟹 100 克，洋葱 100 克，胡萝卜 60 克，西芹 60 克，白葡萄酒适量，蛋白 2 个，百里香 1 克，香叶 1 片，盐、胡椒粉适量。

【设备器具】

汤盘或汤盅、不锈钢盘、汤锅、纱布、不锈钢盆等。

【制作方法】

（1）海鲈鱼取净肉，用搅碎机搅成蓉备用，鱼骨洗净备用。

（2）将其他海鲜洗净，加洋葱丝（50 克）、白葡萄酒、清水，煮至贝壳开口，然后将海鲜汤过滤。

（3）鱼肉蓉中加 50 克洋葱、胡萝卜等蔬菜丁、蛋白、香叶、百里香、盐和胡椒粉搅拌均匀后，加入肉汤中，肉汤过滤，直至澄清。

（4）上菜时请汤中加入鱼肉、蟹肉等即可。

【质量标准】

汤色澄清，海鲜味浓郁。

【技术要点】

海鲜需洗净，所煮鱼汤要去除沉淀，防止有沙。

【适用范围】

此款菜肴适用于宴会、套餐。

任务三 蔬菜汤类制作

任务描述

西式蔬菜汤是指以各类什锦蔬菜为主料制作而成的汤菜，这种汤菜选料广泛，口味风味，也可以加入各种米面类食材，类似大锅炖菜。本节内容学习时，重点要学会正确认识西式蔬菜汤，学会西式蔬菜汤的加工制作技法，严格遵守食品安全规范和标准，养成良好的职业卫生操作习惯。

任务目的

使学生了解西式蔬菜汤的定义、种类和分类标准，常见西式蔬菜汤的类型与风味特点，学会常见西式蔬菜汤的制作方法和要领，明确西式蔬菜汤的应用方法，掌握西式菜肴调味的原则与方法。

任务驱动

通过西式蔬菜汤制作的学习和实训，使学生熟悉西式蔬菜汤原料初加工的正确方法与技巧，熟练掌握常见西式蔬菜汤菜肴的制作技法，并在今后相应类似菜品中可以合理灵活应用与变化。

知识准备

西餐常见各类食材原料的名称、类型、特点、风味和外文名称，以及常见基本西餐烹调技法的英文方式，以及 HACCP 食品安全管理体系知识。

德育修养

通过各种西式蔬菜汤菜肴的实训学习，引导学生践行社会主义核心价值观，加强学生的基本功训练，培养学生养成科学探索的习惯和精神，用西式蔬菜汤成菜原理的实验分析引导学生发扬探索、求真和创新的意识和能力，发挥继承传统，培养勇于创新的精神。

任务实施

一、蔬菜大麦汤（Vegetable barley soup）

【原料】（成品 4 人份）

腰豆 100 克，培根 20 克，韭葱 20 克，西芹 15 克，胡萝卜 30 克，甜菜 200 克，大蒜 5 克，大麦 200 克，鼠尾草 2 克，辣椒 1 克，牛肉汤 2 升，橄榄油 40 克，肉桂、盐和胡椒粉适量。

【设备器具】

汤碗或汤盘、不锈钢盘、少司盅、汤锅、搅碎机等。

【制作方法】

（1）腰豆、鼠尾草加牛肉汤、盐煮软。将腰豆汤搅成碎。

（2）锅中炒培根、韭葱、西芹、胡萝卜、甜菜、大蒜、辣椒，加汤煮 15 分钟，加入大麦煮熟软后，最后加入步骤（1）中的原料再煮 10 分钟，调味即成。

【质量标准】

口味咸鲜，营养丰富。

【技术要点】

注意煮制时间，原料刚熟即可。

【适用范围】

此款菜肴适用于零点点餐、自助餐。

二、意大利蔬菜汤（Minestrone）

【原料】（成品 4 人份）

莲白 200 克，胡萝卜 40 克，洋葱 80 克，西芹 30 克，土豆 100 克，四季豆 40 克，大蒜 5 克，茄子 30 克，鲜罗勒 2 克，黄辣椒 30 克，斜管面 50 克，鸡汤 1.5 升，牛至香料 1 克，番茄酱 50 克，盐、胡椒粉适量。

【设备器具】

汤碗或汤盘、不锈钢盘、少司盅、汤锅等。

【制作方法】

（1）所有蔬菜洗净切丁。

（2）将除番茄酱以外的所有原料炒香后，再放入番茄酱炒 15 分钟，加汤煮 30 分钟，用盐、胡椒调味即可成菜。

【质量标准】

汤色红亮，口味咸酸。

【技术要点】

番茄酱的用量影响汤的颜色和口味。

【适用范围】

此款菜肴适用于零点点餐。

意大利蔬菜汤理论讲解

意大利蔬菜汤制作

三、意式卷心菜汤（Savoy cabbage and salami soup）

【原料】（成品 4 人份）

大蒜 5 克，白皮洋葱 50 克，卷心菜 2000 克，黑椒碎 2 克，萨拉米香肠 100 克，米 500 克，法香碎 2 克，帕尔玛芝士碎 40 克，盐、胡椒粉适量。

【设备器具】

汤碗或汤盘、不锈钢盘、少司盅、汤锅等。

【制作方法】

（1）炒香大蒜碎，加白皮洋葱、卷心菜丝，撒盐和胡椒粉，炒 15 分钟，加水煮开。

（2）将（1）中加入萨拉米香肠丁和米煮至米熟，加盐、胡椒粉调味。

（3）上菜前撒少许帕尔玛芝士碎、法香碎、黑椒碎即成。

【质量标准】

汤体厚重，菜香味浓郁。

【技术要点】

菜切粗丝，小火煮制。

【适用范围】

此款菜肴适用于传统菜组合套餐。

四、农妇式蔬菜汤（Minestrone with rice）

【原料】（成品 4 人份）

胡萝卜 40 克，西芹 20 克，土豆 100 克，四季豆 20 克，卷心菜 30 克，青豆 30 克，韭葱 40 克，豆芽 30 克，米 30 克，橄榄油 30 克，番茄膏 100 克，鸡汤 2000 毫升，盐、胡椒粉适量。

【设备器具】

汤碗或汤盘、不锈钢盘、汤锅等。

【制作方法】

（1）所有蔬菜切丁。

（2）橄榄油烧热，下蔬菜丁炒香，加入番茄膏小火炒约 5 分钟，至番茄膏颜色红亮。

（3）在（2）完成的菜中加鸡汤与米同煮，煮至米成熟，然后用盐和胡椒粉调味即可。

【质量标准】

汤体厚重，菜香味浓郁。

【技术要点】

菜的投放顺序，根茎类先煮，如卷心菜，薯类、易变色的蔬菜最后煮。

【适用范围】

此款菜肴适用于传统菜组合套餐。

任务四　浓汤类制作

任务描述

在中世纪时期流行的一种以谷物原料为基础制作而成的半流体类型的食物，如燕麦粥；而最早出现的豌豆浓汤，其实也是一种古老的煮豆类菜肴，后来逐步演变成为浓汤。浓汤根据制作原料不同，分为奶油浓汤、水果蓉汤、蔬菜浓汤。本节内容学习时，重点要学会正确认识奶油浓汤、水果蓉汤、蔬菜浓汤三种类型浓汤菜肴的区别和联系，学会浓汤的加工制作技法，严格遵守食品安全规范和标准，养成良好的职业卫生操作习惯。

任务目的

使学生了解西式浓汤菜的定义、种类和分类标准，常见西式浓汤的类型与风味特点，学会常见西式浓汤菜肴等的制作方法和要领，明确西式浓汤菜肴的应用方法，掌握西式菜肴调味的原则与方法。

任务驱动

通过西式浓汤制作的学习和实训，使学生熟悉西式浓汤原料初加工的正确方法与技巧，熟练掌握常见西式浓汤菜肴的制作技法，并在今后相应类似菜品中可以合理灵活应用与变化。

知识准备

西餐常见各类食材原料的名称、类型、特点、风味和外文名称，以及常见基本西餐烹调技法的英文方式，以及 HACCP 食品安全管理体系知识。

德育修养

通过各种西式浓汤菜肴的实训学习，引导学生践行社会主义核心价值观，加强学生的基本功训练，培养学生养成科学探索的习惯和精神，用浓汤成菜原理的实验分析引导学生发扬探索、求真和创新的意识和能力，发挥继承传统，培养勇于创新的精神。

任务实施

一、青豆浓汤（Green bean potage）

【原料】（成品 4 人份）

青豆 1000 克，培根 100 克，帕尔玛火腿 50 克，胡萝卜 30 克，西芹 30 克，洋葱 50 克，香叶 2 片，百里香 2 克，丁香 2 颗，黄油 30 克，盐、胡椒粉适量。

【设备器具】

汤盘、不锈钢盘、少司盅、食品搅碎机、汤锅等。

【制作方法】

（1）用黄油炒香培根丁、洋葱丁、胡萝卜丁、西芹丁、火腿丁后加青豆搅匀，略炒。香叶、百里香、丁香制成香料束。

（2）在（1）中加汤或水、香料束煮开至青豆软酥。

（3）取出香料束，用搅碎机将汤打碎，然后煮开，用盐和胡椒粉调味即可成菜。

【质量标准】

汤体浓厚，味道醇香。

【技术要点】

如汤过稠可加水或基础汤调至适宜的浓度。

【适用范围】

此款菜肴适用于宴会、套餐、零点点餐菜。

二、土豆浓汤（Potato potage）

【原料】（成品 4 人份）

土豆 3000 克，培根 50 克，韭葱 50 克，鸡汤 4 升，黄油 30 克，油煎面包丁、盐和胡椒粉适量。

【设备器具】

汤盘或汤碗、不锈钢盘等。

【制作方法】

（1）用黄油炒香培根丝、韭葱丝、土豆片。

（2）加汤或水煮开至土豆熟软。

（3）将汤用搅碎机打碎，煮开并调味，上菜前用油煎面包丁装饰。

【质量标准】

汤体浓厚，味道醇香。

【技术要点】

选用淀粉含量高的土豆制作效果更好，汤更浓。

【适用范围】

此款菜肴适用于宴会、套餐、零点点餐菜。

三、海鲜汤（Bisque）

【原料】（成品 4 人份）

鲉鱼 600 克，黑鲃鱼 600 克，小螃蟹 500 克，虾 500 克，番茄 500 克，韭葱 100 克，薄荷 2 克，法香碎 2 克，洋葱 50 克，大蒜 20 克，茴香 4 克，藏红花 2 克，橄榄油 100 克，面包丁、盐和胡椒粉适量。

【设备器具】

汤碗或汤盘、不锈钢盘、少司盅、汤锅。

【制作方法】

（1）将鲉鱼、黑鲃鱼初加工，剔下鱼骨，取鱼柳肉备用；将虾去虾壳，取虾肉备用；小螃蟹冲洗干净。

（2）用橄榄油炒洋葱、番茄、韭葱、薄荷、法香碎、大蒜、茴香、藏红花，加入鱼骨、虾壳和小螃蟹炒匀，加水煮 1 小时成海鲜汤。

（3）将汤倒入搅碎机中搅打成蓉汤，过滤后再次上火煮沸，加盐和胡椒粉调味，装入汤碗中，放入煮熟的鲉鱼肉、黑鲃鱼肉和虾肉，用面包丁装饰即成。

【质量标准】

汤体浓厚，海鲜味浓郁。

【技术要点】

选料新鲜，海鱼的腥味不重。

【适用范围】

此款菜肴适用于宴会、套餐、零点点餐菜。

四、番茄浓汤（Tomato potage）

【原料】（成品 4 人份）

番茄 2000 克，洋葱 100 克，薄荷叶 5 克，去皮番茄 200 克，大蒜 20 克，百里香、盐、胡椒粉适量，吐司面包 4 片。

【设备器具】

汤碗或汤盘、不锈钢盘、少司盅、汤锅、搅碎机等。

【制作方法】

（1）番茄去籽、切片，洋葱切丝。

（2）炒香洋葱丝、大蒜碎、番茄片，加去皮番茄、水、百里香煮 1 小时。

（3）用搅碎机将汤搅碎，调味后配吐司面包即可。

【质量标准】

汤体浓厚，咸酸开胃。

【技术要点】

去皮番茄可以缓和番茄的过酸的口感，可适量增减。

【适用范围】

西餐的汤菜。

任务五 奶油汤类制作

任务描述

西式浓汤根据制作原料不同，分为奶油浓汤、水果蓉汤、蔬菜浓汤。其中奶油浓汤属于浓汤的一个分支。本节内容学习时，重点要学会正确认识蔬菜类奶油浓汤、肉类奶油浓汤两种类型浓汤菜肴的区别和联系，学会浓汤的加工制作技法，严格遵守食品安全规范和标准，养成良好的职业卫生操作习惯。

任务目的

使学生了解西式奶油浓汤菜的定义、种类和分类标准，常见西式奶油浓汤的类型与风味特点，学会常见西式奶油浓汤菜肴等的制作方法和要领，明确西式奶油浓汤菜肴的

应用方法，掌握西式菜肴调味的原则与方法。

任务驱动

通过西式奶油浓汤制作的学习和实训，使学生熟悉西式奶油浓汤原料初加工的正确方法与技巧，熟练掌握常见西式奶油浓汤菜肴的制作技法，并在今后相应类似菜品中可以合理灵活应用与变化。

知识准备

西餐常见各类食材原料的名称、类型、特点、风味和外文名称，以及常见基本西餐烹调技法的英文方式，以及 HACCP 食品安全管理体系知识。

德育修养

通过各种西式浓汤菜肴的实训学习，引导学生践行社会主义核心价值观，加强学生的基本功训练，培养学生养成科学探索的习惯和精神，用浓汤成菜原理的实验分析引导学生发扬探索、求真和创新的意识和能力，发挥继承传统，培养勇于创新的精神。

任务实施

一、奶油南瓜汤（Cream of pumpkin soup）

【原料】（成品 4 人份）

南瓜 500 克，洋葱 100 克，培根 30 克，香料束 1 束，淡奶油 50 毫升，基础汤 2 升，黄油面包丁、盐、胡椒粉适量。

【设备器具】

汤碗或汤盘、不锈钢盘、少司盅、汤锅、搅碎机等。

【制作方法】

（1）培根炒熟后加洋葱丝、南瓜片再翻炒，之后加水或基础汤及香料束煮 40 分钟。

（2）汤中内容物煮软后取出香料束，用搅碎机搅打成蓉，再次煮沸加淡奶油，最后调味，加黄油面包丁即可。

【质量标准】

汤体浓厚，汤色浅黄，口味香甜。

【技术要点】

初时以小火炒制，以免煳锅。淡奶油不宜久煮。

【适用范围】

此款菜肴适用于零点点餐、自助餐。

二、奶油蘑菇浓汤（Cream of mushroom soup）

【原料】（成品 4 人份）

蘑菇 500 克，牛肝菌 100 克，洋葱丝 50 克，面粉 20 克，鸡汤 1.5 升，黄油 30 克，淡奶油 50 毫升，面包条 1 根，盐、胡椒粉适量。

【设备器具】

汤碗或汤盘、不锈钢盘、少司盅、汤锅、搅碎机等。

【制作方法】

（1）用黄油炒香洋葱丝、蘑菇、牛肝菌后加少许面粉略炒。

（2）炒熟的原料加汤煮 50 分钟后用搅碎机搅碎，再次煮开，加淡奶油、盐和胡椒粉调味，装盘，用面包条装饰即可。

奶油蘑菇汤理论讲解

奶油蘑菇汤制作

【质量标准】

汤体厚重，蘑菇味浓郁。

【技术要点】

初时以小火炒制，以免煳锅。淡奶油不宜久煮。

【适用范围】

此款菜肴适用于零点点餐、自助餐。

三、奶油花菜鸡丝汤（Cream of cauliflower chicken soup）

【原料】（成品 4 人份）

鸡胸肉 200 克，花菜 300 克，韭葱丝 50 克，面粉 30 克，鸡汤 1.5 升，黄油 30 克，香叶芹 2 克，盐、胡椒粉适量。

【设备器具】

汤碗或汤盘、不锈钢盘、少司盅、汤锅、搅碎机等。

【制作方法】

（1）鸡胸肉焯水至成熟后撕成细丝。

（2）用黄油炒香韭葱丝后加面粉调成面酱，依次加入鸡汤搅匀，放入花菜煮至花菜熟软后用搅碎机搅碎。

（3）汤体加入淡奶油煮至微沸，调味，加入香叶芹、鸡肉丝即可。

【质量标准】

口味咸鲜，突出花菜的清鲜味，浓稠适度。

【技术要点】

初时以小火炒制，以免煳锅。淡奶油不宜久煮。

【适用范围】

此款菜肴适用于零点点餐、自助餐。

四、奶油芦笋汤（Asparagus soup）

【原料】（成品 4 人份）

芦笋 1000 克，韭葱丝 50 克，面粉 30 克，鸡汤 1.5 升，黄油 30 克，淡奶油 40 毫

升，香叶芹 2 克，盐、胡椒粉适量。

【设备器具】

汤碗或汤盘、不锈钢盘、少司盅、汤锅、搅碎机等。

【制作方法】

（1）黄油炒洋葱丝、芦笋后加少许面粉，然后加入鸡汤或水煮开。

（2）用搅碎机将汤搅成蓉，加入淡奶油煮微开，调味后装盘加香叶芹装饰即可。

【质量标准】

口味清新，芦笋味浓郁。

【技术要点】

初时以小火炒制，以免煳锅，芦笋不易久煮，以保持青绿色。淡奶油不宜久煮。

【适用范围】

此款菜肴适用于零点点餐、自助餐。

任务六　特制汤菜制作

任务描述

西式特制汤是与清汤、浓汤有区别的汤类菜肴，通常因为某一种食材或某一种风味形成一种特色的风味特制汤。是指以特殊的原料或制作方法制成的西式特色汤类，有时包括一些特别的国家或地区的美味汤菜，其中也包含素食的蔬菜汤。本节内容学习时，重点要学会正确认识西式特制汤，学会西式特制汤的加工制作技法，严格遵守食品安全规范和标准，养成良好的职业卫生操作习惯。

任务目的

使学生了解西式特制汤的定义、种类和分类标准，常见西式特制汤的类型与风味特点，学会常见西式特制汤的制作方法和要领，明确西式特制汤的应用方法，掌握西式菜肴调味的原则与方法。

任务驱动

通过西式特制汤制作的学习和实训，使学生熟悉西式特制汤原料初加工的正确方法与技巧，熟练掌握常见西式特制汤菜肴的制作技法，并在今后相应类似菜品中可以合理灵活应用与变化。

知识准备

西餐常见各类食材原料的名称、类型、特点、风味和外文名称，以及常见基本西餐烹调技法的英文方式，以及 HACCP 食品安全管理体系知识。

德育修养

通过各种西式特制汤菜肴的实训学习，引导学生践行社会主义核心价值观，加强学生的基本功训练，培养学生养成科学探索的习惯和精神，用西式特制汤成菜原理的实验分析引导学生发扬探索、求真和创新的意识和能力，发挥继承传统，培养勇于创新的精神。

任务实施

一、法式洋葱汤（French onion soup）

【原料】（成品 4 人份）

洋葱 800 克，黄油 60 克，牛肉汤 3000 毫升，白葡萄酒 60 毫升，瑞士芝士 400 克，法式面包、盐和胡椒粉适量。

【设备器具】

不锈钢方盘、长柄汤勺、汤锅、煎铲、汤碗等。

【制作方法】

（1）洋葱切丝；瑞士芝士切碎备用。

（2）在厚底汤锅中，中火加热黄油，放入洋葱炒成褐色，略搅拌。

（3）在（2）中加入白葡萄酒、牛肉汤，小火煮，直至洋葱变软且香甜味充分融入汤中。

（4）将汤用盐和胡椒粉调味，保温备用。

（5）法式面包切片，每份汤中需加入 1～2 片，加入量需足够遮盖汤体的表面，上面撒芝士，然后入烤炉中将芝士烤上色即可。

【质量标准】

呈棕褐色，洋葱味香浓。

【技术要点】

洋葱需小火、长时间炒至上色，制成的汤颜色才会美观，味道才浓。

【适用范围】

此款菜肴适用于零点点餐。

二、匈牙利牛肉汤（Hungarian goulash soup）

【原料】（成品 4 人份）

牛肉 100 克，培根 40 克，大蒜 40 克，干辣椒 20 克，洋葱 50 克，胡萝卜 50 克，西芹 30 克，青椒 80 克，红椒 70 克，红葡萄酒 50 毫升，番茄酱 100 克，面粉 40 克，牛肉清汤 1500 毫升，辣椒粉 20 克，鲜罗勒 2 克，香叶 1 克，去皮番茄 100 克，土豆 100 克，

黄油 100 克，盐、胡椒粉适量。

【设备器具】

不锈钢方盘、长柄汤勺、汤锅、煎铲、汤碗等。

【制作方法】

（1）将青椒、红椒、洋葱、胡萝卜、西芹、培根切小条备用；大蒜切碎备用。

（2）牛肉切小条，然后将牛肉煎上色备用。

（3）锅中放黄油炒香培根、大蒜、干辣椒，然后加洋葱、胡萝卜、西芹、青椒、红椒炒 5 分钟，加红葡萄酒、番茄酱和面粉炒匀后，倒入牛肉清汤，加辣椒粉、鲜罗勒、香叶调味。

（4）将汤熬煮 30 分钟后加入去皮番茄、土豆条等原料。

（5）待所有原料成熟后用盐和胡椒粉调味即可成菜。

【质量标准】

色泽红亮，甜酸微辣，牛肉味浓。

【技术要点】

土豆最后加入，这样才不会煮烂；根据口味加入适量辣椒粉调味。

【适用范围】

此款菜肴适用于零点点餐、自助餐。

三、罗宋汤（Russian borscht）

【原料】（成品 4 人份）

牛肉 200 克，牛肉汤 3000 毫升，黄油 100 克，罐装红菜头 200 克，胡萝卜 100 克，洋葱 100 克，韭葱 60 克，西芹 80 克，卷心菜 300 克，大蒜 30 克，红葱头 60 克，番茄酱 80 克，番茄 100 克，香叶 1 克，百里香 1 克，细砂糖 20 克，红酒醋 8 毫升，酸奶油 20 克，香料束 1 个，塔巴斯科辣椒酱 8 克，盐、胡椒粉适量。

【设备器具】

不锈钢方盘、汤锅、煎铲、汤碗等。

【制作方法】

（1）牛肉洗净，加胡萝卜、洋葱、香料束水煮软，然后切丁。

（2）胡萝卜、西芹、洋葱、卷心菜、红葱头、韭葱切小片，大蒜切碎，番茄去皮、去籽、切碎。

（3）锅中放黄油炒香洋葱、胡萝卜、韭葱、西芹、卷心菜和大蒜碎，然后加番茄碎、番茄酱、香叶、百里香炒匀，倒入牛肉汤煮沸，调小火熬煮 20 分钟。

（4）成菜前加入红菜头和牛肉丁，加细砂糖、塔巴斯科辣椒酱、红酒醋、盐、白胡椒粉调味。

（5）装盘盛菜，用酸奶油装饰。

【质量标准】

色泽红亮，味咸、酸、辣，口味丰富，蔬菜清香。

【技术要点】

塔巴斯科辣椒酱味道较重，注意用量，不宜过多，否则味道过于浓重。

【适用范围】

此款菜肴适用于零点点餐、自助餐。

四、咖喱羊肉汤（Mulligatawny）

【原料】（成品 4 人份）

洋葱 100 克，胡萝卜 80 克，西芹 70 克，羊肉 100 克，面粉 50 克，黄油 50 克，咖喱粉 30 克，鸡汤 2000 毫升，苹果 250 克，大米 50 克，椰奶 100 毫升，法香碎适量，柠檬 1 个，淡奶油 40 毫升，油、盐和胡椒粉适量。

【设备器具】

不锈钢方盘、长柄汤勺、汤锅、煎铲、汤碗、汤盘等。

【制作方法】

（1）羊肉切成 1 厘米的丁；洋葱去皮后，切成 0.5 厘米的丁；胡萝卜去皮洗净后，切成 0.5 厘米的丁；西芹撕去外皮粗纤维洗净后切丁；苹果洗净，去皮、去核后切丁用水浸泡；柠檬洗净，取下外皮，不要白色部分，然后切丝。

（2）锅中放油热锅后，放入洋葱丁、胡萝卜丁、西芹丁、羊肉丁炒熟，取出备用。

（3）锅中放入黄油、面粉、咖喱粉炒香、炒匀，再加入鸡汤、步骤（2）中的原料及苹果丁、大米、胡椒粉，小火煮 15 分钟，加入椰奶、法香碎、盐和胡椒粉调味。

（4）盛汤装盘，淋少许淡奶油，画出花纹，再用柠檬丝装饰即可。

（5）将汤分入汤盘中。

【质量标准】

汤色金黄，羊肉与咖喱味兼具。

【技术要点】

注意咖喱粉的用量，不易过多；炒黄油、面粉时比例最好是 1∶1，这样制汤时不易出现面粉颗粒；煮汤时要不时地搅动，因汤体中有大米容易煳底。

【适用范围】

此款菜肴适用于零点点餐、自助餐。

课后拓展与思考

（1）西餐汤菜品质鉴别的标准和制作的方法是什么？

（2）西餐汤菜的种类有哪些，各有什么特色？

（3）西餐中制作清汤的原理及具体方法是什么？

（4）请用中英文列出西餐中常见汤菜的品种及其制作工艺，如配方、制作方法、制作要领和应用范围等。

西式海鲜主菜制作与实训

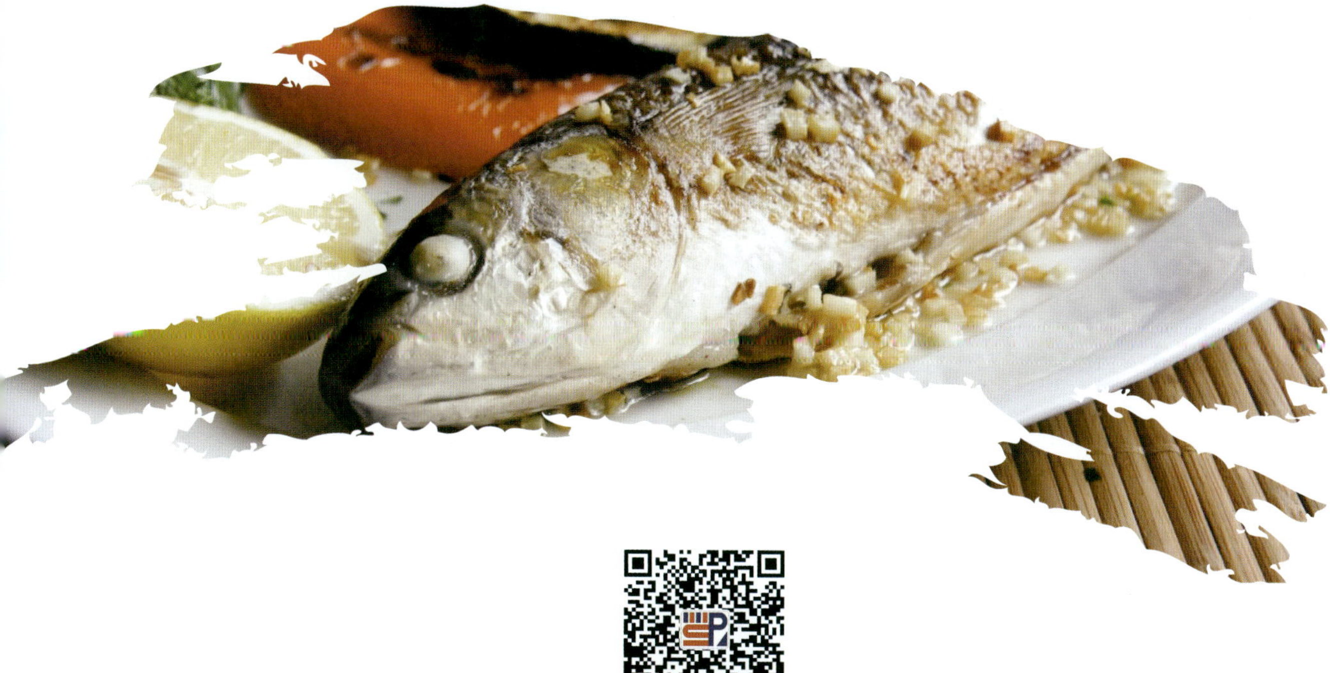

西式海鲜主菜制作与实训

项目导读

西餐的海鲜菜肴包含各种海鲜鱼类和贝类食材。西方人食用大量的海鱼，但是很少食用淡水鱼，主要原因是烹调后的海鲜菜肴肉质中没有细小的鱼刺。海鲜鱼类含有丰富的Ω-3不饱和脂肪酸，Ω-3脂肪酸家族中，最主要的3种是：亚麻酸、EPA和DHA，并且海鲜类菜肴一般价格昂贵，利润率高，因此是各个餐厅菜肴的重点组成部分。

在本单元的学习中，因为各种海鲜原料食材的性能、质地、产地、特点、形态和风味各不相同，所以菜肴在成菜后的色、香、味、形、质等诸多要素方面的要求也各不相同，其适应的烹制方法，加热手段，制熟工艺等都各有特色，需要根据食材的特点，和不同国家或地区的菜肴风格和风土人情，去合理地运用和烹饪，才能更好地呈现出不同海鲜菜肴的风味特点。

理论学习目标

（1）了解并学习西餐中海鲜原料食材的种类和特点。

（2）学习并掌握西餐经典海鲜类菜肴的原料配方、制作工艺、成菜标准及应用变化。

（3）掌握西餐菜肴品质鉴别的标准和方法。

（4）掌握西餐中常见海鲜菜肴的装盘和装饰技法，能够按照标准化程序，独立进行各式汤菜品种的规范操作、熟练运用与变化。

实践应用目标

（1）掌握现代西餐海鲜菜肴的变化与应用，以多角度的形式呈现西式海鲜菜肴的特色。

（2）熟练掌握现代烹饪设备的应用方法，遵守食品安全的规范与标准，学习实训单品加工与批量生产的技术操作要领。

（3）在西式海鲜主菜制作项目学习中，积极了解该行业发展动向，拓展新知识，着力提高烹饪科学素养的培养，注重在创新精神与实践能力方面的锻炼，以进一步提高创新能力和应变能力。

知识准备

西餐常见各类海鲜食材原料的名称、类型、特点、风味和外文名称，以及常见基本西餐烹调技法的英文方式，以及HACCP食品安全管理体系知识。

德育修养

通过各种西式海鲜菜肴的实训学习，引导学生践行社会主义核心价值观，在教学过程中，围绕“爱国、敬业、诚信、勤俭”的核心思想，在本单元的菜肴实训教学中，培养学生崇高的品德和深厚的爱国情怀，海鲜原料品级高，价格贵，加工中注意以良好的职业态度和诚实守信的作风进行加工制作，为更好地把优秀的我国食材运用到菜品中，发扬创新和探索精神；同时秉承勤俭节约精神，物尽其用不浪费，把加工的边角余料充分利用，制成菜肴或者汤汁调味，呈现良好的职业道德和精神风貌。始终如一地保持良好的职业素养，严格卫生安全意识，保证舌尖上的安全，维护绿色饮食的营养和健康。

学习目标

了解并学习西餐中常用海鲜类原料的种类。

熟悉常用海鲜原料的性质、品质鉴别方法和选用要求。

熟悉并掌握西餐烹调设备与器具的使用方法与维护技术。

了解常用海鲜原料的初加工方法；西餐常见海鲜类菜肴的原料配方、制作工艺、成菜标准及应用变化、装盘和装饰技法，西式菜肴品质鉴别的标准和方法；并能够按照标准化程序，独立制作和创新各式海鲜类菜肴。

海产品是地球上营养价值丰富且美味的食物之一。以往，西方人多食用牛肉、羊肉，现在随着人们对健康饮食的认识，海鲜以富含大量的Ω-3脂肪酸、维生素、矿物质及少量的脂肪成为西餐中的首选原料。

一、蒜蓉扒大虾配蒜蓉汁（Grilled king prawns with garlic sauce）

【原料】（成品4人份）

特大虾1500克，大蒜150克，黄油250克，白葡萄酒150毫升，白兰地酒50毫升，法香碎15克，鲜罗勒5克，柠檬150克，黑胡椒粉2克，盐2克，水芥菜50克，橄榄油15毫升，法棍面包500克，芝士粉50克，鸡蛋50克，法香15克，西班牙红椒粉1克。

【设备器具】

煎锅、扒炉、大盘、汁盅、竹签。

【制作方法】

（1）特大虾背开两半后用竹签从虾背、虾尾4个一组串上，撒盐、黑胡椒、大蒜、熔化的黄油备用。

（2）水芥菜、橄榄油、柠檬汁拌匀作配菜放在盘子中央，配柠檬角。法棍面包、芝士粉、黄油、大蒜、鸡蛋、法香碎、西班牙红椒粉制作成蒜蓉面包，以配主菜。

（3）锅内放黄油熔化后炒香大蒜碎，加入白葡萄酒煮制，然后加入大量柠檬汁调味后放入法香碎成大蒜黄油少司即可。

（4）扒炉预热后，把串好的特大虾带壳的一面面向炉底扒上色，然后翻面扒有虾肉的一面，等虾肉快成熟的时候，淋白兰地酒燃烧即可。

（5）特大虾取出竹签后放置在水芥菜沙拉上，然后撒鲜罗勒丝少许。

（6）汁盅内装大蒜黄油少司、蒜蓉面包和主菜一起出菜。

【技术要点】

（1）竹签要穿过大虾的头、尾是保证成品大虾美观、平整的关键。

（2）掌握好扒或煎大虾的火候是菜肴制作的要点。

【质量标准】

色泽艳丽，蒜香浓郁，酒味鲜美，搭配适当。

【酒水搭配】

此款菜肴适合搭配清淡的白葡萄酒或粉红葡萄酒。

二、香煎三文鱼配意大利香脂醋汁（Grilled salmon with Balsamic vinaigrette）

【原料】（成品4人份）

三文鱼800克，黑胡椒粉25克，水芥菜25克，芦笋100克，胡萝卜250克，柠檬100克，意大利香脂醋300毫升，蜂蜜100克，红葡萄酒100克，橄榄油100毫升，法香碎5克，盐、胡椒粉适量。

【设备器具】

煎锅、炒锅、小刀、细孔滤网、大盘。

【制作方法】

（1）三文鱼分割成4份，撒盐、胡椒粉调味，鱼皮部分蘸黑胡椒粉备用。

（2）胡萝卜用小刀削成长橄榄条，芦笋切段焯水后作配菜备用。

（3）炒锅内放意大利香脂醋、蜂蜜、红葡萄酒、柠檬汁浓缩成少司。

（4）煎锅内放橄榄油先煎带鱼皮的一面鱼肉，至三成熟，取出。洗净锅，再放入橄榄油煎鱼肉的另一面，至五成熟取出，入烤炉烤熟即可。

（5）装盘的时候，配菜用橄榄油炒热，放上烤好的三文鱼，淋意大利香脂醋少司，再用水芥菜、法香碎、柠檬角装饰即可。

【技术要点】

（1）三文鱼煎烤的时间要把握好，肉质才细嫩。

（2）意大利香脂醋少司浓缩后要注意保温，避免凝固。

香煎三文鱼
理论讲解

香煎三文鱼
制作

【质量标准】

色彩丰富，酸甜味美，肥而不腻。

【酒水搭配】

各式浓郁的白葡萄酒或白兰地酒。

三、炸鱼肉薯条配鞑靼汁（Fish chip with Tartare sauce）

【原料】（成品 4 人份）

银鳕鱼 1200 克，李派林喼汁 30 毫升，盐 3 克，黑胡椒粉 3 克，白葡萄酒 15 毫升，洋葱 15 克，西芹 15 克，胡萝卜 15 克，百里香 0.1 克，面粉 200 克，鸡蛋 150 克，土豆 1500 克，法香 10 克，大蒜 10 克，水瓜柳 10 克，酸黄瓜 10 克，卡夫奇妙酱 150 克，柠檬 150 克，色拉油 2000 毫升，泡打粉 2 克，斧头食粉 2 克。

【设备器具】

细孔滤网、蛋抽、不锈钢盆、汁盅、报纸、吸油纸、大盘。

【制作方法】

（1）银鳕鱼切成 0.5 厘米粗的条，用李派林喼汁、盐、黑胡椒、白葡萄酒、洋葱碎、西芹碎、胡萝卜碎、百里香腌制。

（2）面粉、鸡蛋、泡打粉、食粉、色拉油少许调制面糊备用。

（3）土豆切条，盐水煮七成熟沥干水分，冷冻备用。

（4）卡夫奇妙酱、法香碎、大蒜碎、水瓜柳碎、酸黄瓜碎、熟蛋黄碎、熟蛋白碎洋葱碎、西芹碎调制成鞑靼少司备用。

（5）色拉油烧至六成油温，下土豆条炸熟，取出备用。

（6）色拉油烧至八成油温，银鳕鱼条蘸面糊入油锅炸至色泽金黄即可。以高油温炸土豆条至色泽金黄。

（7）装盘时可以在报纸上放吸油纸，然后放上土豆条、炸鱼条、柠檬角，配塔塔少司即可；也可以在大盘内直接放土豆条、炸鱼条、柠檬角，配汁盅装的鞑靼少司。

【技术要点】

（1）鉴别银鳕鱼和油鱼的区别，油鱼肉呈白色，很像鳕鱼，因肉质含有很多蜡，人食用后会腹泻。

（2）调制的面糊稠度是鱼条成形的要点。

【质量标准】

色泽金黄，酥脆爽口，酸甜咸鲜，特色突出。

【酒水搭配】

这是一道传统的英式快餐菜肴，没有酒水搭配。

四、煮海鲈鱼配荷兰汁（Poached sea bass，sauce Hollandaise）

【原料】（成品 4 人份）

海鲈鱼 2000 克，洋葱 25 克，西芹 25 克，胡萝卜 300 克，香叶 1 片，白葡萄酒 50 毫升，牛奶 500 毫升，芦笋 200 克，柠檬 150 克，黄油 250 克，鸡蛋 300 克，土豆 500 克，樱桃番茄 15 克，法香碎 5 克，盐、胡椒粉适量。

【设备器具】

汤锅、细孔滤网、裱花袋、裱花嘴、蛋抽、大盘、不锈钢盆。

【制作方法】

（1）海鲈鱼剔骨后切成鱼柳，用洋葱碎、西芹碎、胡萝卜碎、香叶、盐、胡椒粉、白葡萄酒腌制 15 分钟备用；土豆制作成土豆泥，调味后装入裱花袋中备用；剩余的胡萝卜切细丝，炸制成胡萝卜丝作装饰；芦笋焯水备用。

（2）汤锅内放牛奶、盐，放入腌制后的鱼柳煮熟，取出沥干水分备用。

（3）不锈钢盆内放蛋黄用蛋抽隔水打发，慢慢加入适量熔化的黄油、柠檬汁、盐、胡椒粉调味，制作成荷兰汁保温备用。

（4）大盘中间挤土豆泥花作围边，放入炒芦笋垫底，然后放上煮好的鱼柳，淋上荷兰汁即可。

（5）成品装饰柠檬片、法香碎、樱桃番茄，顶上撒炸脆的胡萝卜丝。

【技术要点】

（1）煮鱼的火候需恰当，鱼柳肉质细嫩。

（2）炸胡萝卜丝的时候油温不要太高，胡萝卜丝炸掉水分自然就脆了。

【质量标准】

色泽亮丽，鱼肉细嫩，汁稠味香，清新典雅。

【酒水搭配】

此款菜肴适合搭配干白葡萄酒、玫瑰露酒。

五、串烧大虾配什锦炒饭（Skewered prawn with fried rice）

【原料】（成品 4 人份）

老虎虾 1200 克，青椒 100 克，红椒 100 克，洋葱 100 克，黄椒 100 克，鲜菠萝 150 克，西班牙红椒粉 2 克，李派林喼汁 25 毫升，白兰地酒 25 毫升，什锦米饭 300 克，鸡蛋 100 克，火腿 50 克，香菜 5 克，色拉油 100 毫升，柠檬 50 克，盐、胡椒粉适量。

【设备器具】

煎锅、不锈钢盆、大盘、炒锅、竹签、剪刀。

【制作方法】

（1）将老虎虾去头，用剪刀开背去沙线，撒盐、胡椒粉、李派林喼汁、西班牙红椒粉腌制备用。

（2）青椒、红椒、黄椒、洋葱、菠萝切块和大虾一起用竹签穿成串备用。

（3）炒锅内放色拉油炒鸡蛋、火腿、香菜碎，加入米饭，再加盐和胡椒粉调味装入小碗，倒扣装盘。

（4）煎锅内放色拉油煎香大虾串，淋白兰地酒燃烧后即可。

（5）将串烧大虾和什锦炒饭装盘，装饰柠檬角即成。

【技术要点】

色彩丰富，虾肉细嫩，米饭香软。

【质量标准】

大虾以虾肉煎熟、外皮微焦为佳。

【酒水搭配】

此款菜肴适合搭配白葡萄酒。

六、芝士焗大虾配腰果西芹沙拉（Grilled cheese prawns served with celery salad）

【原料】（成品 4 人份）

老虎虾 1200 克，马苏里拉芝士 120 克，白兰地酒 50 毫升，白汁少司 150 毫升，橄榄油 50 毫升，马乃司汁 100 克，柠檬 100 克，西芹 150 克，腰果 100 克，番茄 50 克，狗芽生菜 25 克，黄椒 15 克，红椒 15 克，盐、胡椒粉适量。

【设备器具】

煎锅、大盘、擦皮器、焗炉小刀、不锈钢盆、竹签、剪刀。

【制作方法】

（1）将老虎虾去头，从虾背上用剪刀剪开，去除沙线，清洗干净用竹签固定，撒盐、胡椒粉备用。

（2）马乃司汁、柠檬、西芹丁、烤熟的腰果、番茄丁、黄椒丁、红椒丁、盐、胡椒拌匀成沙拉备用。

（3）煎锅内放橄榄油煎红老虎虾的带壳一面，淋白兰地酒燃烧后取出，去掉竹签。

（4）半面煎红的大虾取出后，淋白汁少司，撒马苏里拉芝士丝入焗炉，焗到奶酪上色、虾肉成熟即可。

（5）装盘的时候，盘头放狗芽生菜、西芹沙拉，再放入大虾装饰柠檬角即可。

【技术要点】

（1）使煎好的大虾平整的关键，是要用竹签固定虾头的肉和虾尾的中间部分。

（2）沙拉、各种蔬菜的颜色配搭比例应协调。

【质量标准】

清新典雅，色彩丰富，芝香浓郁，肉质细腻。

【酒水搭配】

通常，大虾一类的菜肴都可以配搭白葡萄酒或白兰地酒。

七、香煎石斑鱼配杏仁黄油汁（Baked grouper with almond butter sauce）

【原料】（成品 4 人份）

石斑鱼 1500 克，洋葱 30 克，西芹 15 克，胡萝卜 15 克，鲜罗勒 1 克，柠檬 50 克，大蒜 50 克，芦笋 50 克，节瓜 50 克，红椒 50 克，茄子 50 克，黄油 150 克，白葡萄酒 100 毫升，杏仁片 50 克，法香碎 10 克，盐、胡椒粉适量。

【设备器具】

煎锅、大盘、小刀、不锈钢盆、剪刀、扒炉。

【制作方法】

（1）石斑鱼初加工清洗干净，用刀在鱼两边切十字刀口，用盐、胡椒粉、洋葱碎、西芹碎、胡萝卜碎、鲜罗勒碎、大蒜碎、柠檬汁、白葡萄酒少许腌制。

（2）扒炉预热后，把腌制好的整条石斑鱼放上去，两面煎熟扒出网纹即可；同时可以扒上芦笋、节瓜片、红椒片、茄子片等蔬菜，撒盐、胡椒粉调味。

（3）煎锅内放黄油炒香大蒜、炒黄杏仁片，加入大量白葡萄酒，收浓后加入柠檬汁、法香碎、盐和胡椒粉调味成杏仁黄油汁即可。

（4）大盘内放上扒好的蔬菜，然后放入整条石斑鱼，淋杏仁黄油汁、搭配柠檬角即可。

【技术要点】

扒炉的温度是制作的要点，如果扒的时候火力太猛，石斑鱼的表面颜色太深，鱼肉可能还没熟，这个时候可以考虑入烤炉去烤熟。但是如果扒炉温度低、火力不够，可能石斑鱼的鱼皮会被粘掉，影响菜肴美观。

【质量标准】

色泽金黄，香气扑鼻，鱼肉细腻，美观大气。

【酒水搭配】

此款菜肴适合搭配威士忌和白兰地酒等烈性酒。

八、菠萝大虾配番茄汁（Stewed pineapple prawns with tomato sauce）

【原料】（成品 4 人份）

特大虾 1200 克，番茄沙司 300 克，大蒜 15 克，白葡萄酒 15 毫升，鲜菠萝 500 克，青椒 50 克，红椒 50 克，洋葱 50 克，黄椒 50 克，柠檬 100 克，白糖 25 克，白酒醋 25 毫升，意大利面 200 克，橄榄油 50 毫升，鲜罗勒 0.1 克，鲜迷迭香 0.1 克，法香碎 5 克，盐、胡椒粉适量。

【设备器具】

煎锅、大盘、小刀、不锈钢盆、剪刀、汤锅、细孔滤网。

【制作方法】

（1）特大虾用剪刀剪开虾背，取出沙线、清洗干净，撒盐、胡椒粉、白葡萄酒腌制备用；意大利面用开水煮好备用。

（2）青椒、红椒、黄椒、洋葱切块备用。

（3）煎锅内放橄榄油炒香大蒜，然后煎制大虾，待大虾成熟后取出备用。

（4）煎锅内重新放入橄榄油，炒香大蒜、洋葱块，然后加入青椒、红椒、黄椒炒香，加入大虾、番茄沙司、鲜菠萝块等炒匀，然后用白糖、白酒醋、柠檬汁调味即可。

（5）汤锅内烧开水，烫热意大利面，沥干水分装盘头，配柠檬角、法香碎装饰。

（6）大盘中间放菠萝大虾，撒鲜罗勒丝、装饰鲜迷迭香即可。

【技术要点】

（1）大虾不要在少司汁里烩制太久，以免虾肉太老。

（2）调味的时候要掌握先咸后酸，然后才能体现甜味的原则。

【质量标准】

色泽红亮，风味独特，酸甜咸鲜，虾肉细腻。

【酒水搭配】

此款菜肴适合搭配各种浓郁香型的白葡萄酒。

九、意式酿鲜鱿鱼卷配蔬菜汁（Squid stuffed meat with vegetable sauce）

【原料】（成品 4 人份）

鲜鱿鱼 800 克，牛绞肉 150 克，面包糠 50 克，比萨芝士 150 克，咖喱粉 5 克，咖喱酱 3 克，洋葱 50 克，大蒜 10 克，芦笋 50 克，老南瓜 150 克，淡奶油 15 毫升，红椒 150 克，塔巴斯科辣椒酱 15 克，法香碎 2 克，黄油 50 克，番茄酱 10 克，白糖 10 克，盐、胡椒粉适量，色拉油 25 毫升，柠檬 10 克，土豆 100 克。

【设备器具】

煎锅、大盘、小刀、牙签、不锈钢盆、汤锅、细孔滤网、搅碎机。

【制作方法】

（1）鲜鱿鱼整理干净，留鲜鱿鱼肚备用；芦笋焯水备用；土豆去皮切薄片，炸成土豆片备用。

（2）煎锅内放色拉油炒香大蒜、洋葱，取出备用；另取一盆放牛绞肉，加入炒好的洋葱，然后加入咖喱粉、咖喱酱、熔化的比萨芝士，加盐和胡椒粉调味后加面包糠吸水成咖喱牛肉馅。

（3）鲜鱿鱼肚子里酿入咖喱牛肉馅，中间插入芦笋，用牙签封口后放入烤炉中烤熟即可。

（4）黄油炒老南瓜，加淡奶油，制作成南瓜汁。

（5）黄油炒去皮后的红椒，加塔巴斯科辣椒酱、番茄酱、白糖调味，再用搅碎机打成蓉作为辣椒汁。

（6）盘头放炸好的土豆片和柠檬角，分别淋南瓜汁、辣椒汁，洒上法香碎，然后放上切段的酿鲜鱿鱼即可。

【技术要点】

馅料要酿填紧密，避免切开的时候散开，但也不能过紧，避免鱿鱼爆裂。

【质量标准】

咖喱香浓，酸辣甜咸，口味丰富，色彩亮丽。

【酒水搭配】

此款菜肴适合搭配白葡萄酒和香槟酒。

十、西芹石斑鱼卷配班尼士汁（Poached grouper and celery with Béarnaise sauce）

【原料】（成品 4 人份）

石斑鱼柳 800 克，西芹 200 克，白葡萄酒 15 毫升，阿里根奴香草 0.1 克，红葱头 10 克，他里根 0.1 克，柠檬 100 克，黄油 100 克，鸡蛋 150 克，法香碎 15 克，老南瓜 500 克，淡奶油 25 毫升，牛奶 250 毫升，胡萝卜 100 克，盐、黑胡椒和胡椒粉适量。

【设备器具】

煎锅、棉线、大主菜盘、不锈钢圈、不锈钢盆、汤锅、细孔滤网、搅碎机。

【制作方法】

（1）石斑鱼柳切片，西芹切 8 厘米左右长条，用盐、黑胡椒、白葡萄酒、阿里根奴香草、红葱头、他里根、柠檬汁腌制备用。

（2）腌制好的鱼柳用棉线包裹上西芹条，入牛奶水中煮熟取出，去掉棉线备用。

（3）不锈钢盆内放蛋黄打发，加入盐、胡椒粉、开水少许、法香碎、他里根、柠檬汁调味，然后加入适量熔化的黄油制作成班尼士汁。

（4）老南瓜制成南瓜泥作配菜；胡萝卜削成长橄榄形煮熟备用。

（5）大盘内放不锈钢圈，填入南瓜泥，再去除不锈钢圈，放上煮好的西芹石斑鱼卷，淋班尼士汁，配橄榄形胡萝卜条即可。

【技术要点】

（1）捆绑鱼卷的时候要注意利用鱼肉自然卷曲的一面来制作。

（2）鱼肉成熟很快，要把握好少司制作和鱼卷制作的时间。

【质量标准】

鱼肉细腻，西芹脆嫩，少司浓郁，色彩淡雅。

【酒水搭配】

此款菜肴适合搭配各种清淡的气泡酒或玫瑰红葡萄酒。

十一、芝士焗海鲜配土豆泥（Baked seafood pie with mashed potatoes）

【原料】（成品 4 人份）

大虾 50 克，比目鱼柳 50 克，鲜贝 50 克，鲜鱿鱼 50 克，北极贝 50 克，红葱头 50 克，红腰豆 50 克，番茄 50 克，球茎茴香 5 克，马苏里拉芝士 50 克，埃曼塔尔（Emmental）大孔芝士 50 克，土豆 500 克，淡奶油 50 毫升，鸡蛋 50 克，混合生菜 10 克，橄榄油 5 毫升，柠檬 50 克，味美思酒 25 毫升，洋葱 15 克，西芹 15 克，胡萝卜 15 克，盐、黑胡椒适量。

【设备器具】

裱花袋、裱花嘴、蛋刷、陶瓷船盅、细孔滤网、汤锅、擦皮器。

【制作方法】

（1）所有海鲜初加工、清洗干净备用；土豆制作成土豆泥备用。

（2）大虾、比目鱼、鲜贝、北极贝、鲜鱿鱼用红葱头碎、球茎茴香碎、盐、黑胡椒、味美思酒、洋葱、西芹、胡萝卜碎腌制。

（3）陶瓷船盅一个，放入腌制后的海鲜、番茄丁、红葱头碎、红腰豆、土豆泥、淡奶油等，拌匀，上面撒马苏里拉芝士、大孔芝士。

（4）剩下的土豆泥装入裱花袋，在芝士上挤成花纹，刷鸡蛋液入烤炉烤熟即可。

（5）大盘内单独配生菜沙拉，用橄榄油、柠檬汁调味。

【技术要点】

（1）生海鲜放入烤炉，烤熟需要比较长的时间。

（2）土豆泥和芝士都会有一定的膨胀，注意陶瓷船盅需留有一定的空间。

白汁焗海鲜

【质量标准】

海鲜鲜甜、肉质细嫩、奶香浓郁、细腻滑嫩。

【酒水搭配】

此款菜肴适合搭配各式葡萄酒。

十二、酥炸大虾配芒果沙拉（Deep-fried prawns with mango salad）

【原料】（成品 4 人份）

特大虾 600 克，鸡蛋 100 克，面粉 100 克，粗面包糠 100 克，马乃司汁 50 克，芒果 150 克，红椒 25 克，黄瓜 25 克，柠檬 25 克，水芥菜 5 克，盐、胡椒粉适量。

【设备器具】

不锈钢盆、大盘、裱花袋。

【制作方法】

（1）将特大虾去头、去壳、去沙线、留虾尾；用刀片开虾身部分，在虾肉上横切几刀，撒盐、胡椒粉调味备用。

（2）大虾粘面粉、粘鸡蛋液、粘面包糠（通常称为“过三关”），入油锅炸成金黄色即可。

（3）芒果去皮、去核、切丝，红椒、黄瓜切丝，柠檬切片备用。

（4）装盘的时候，大盘中间先挤上马乃司汁，中间放上红椒丝、芒果丝、黄瓜丝，然后放上炸好的大虾，装饰水芥菜即可。

【技术要点】

（1）因为留下大虾的尾巴，所以选用的大虾必须十分新鲜。

（2）过“三关”的时候，注意虾尾巴不要粘上任何东西。

【质量标准】

酥脆爽口，色泽金黄，鲜香味美。

【酒水搭配】

此款菜肴适合搭配各种葡萄酒。

十三、火焰纸包大虾配意大利面（Aluminum foil grilled prawns with pasta）

【原料】（成品 4 人份）

大虾 800 克，樱桃番茄 30 克，洋葱 50 克，大蒜 25 克，香菜 25 克，柠檬 100 克，橄榄油 50 毫升，白兰地酒 50 毫升，小米辣 25 克，玉米粒 25 克，意大利面 150 克，盐、黑胡椒粉适量，锡箔纸 4 张。

【设备器具】

不锈钢盆、大盘、锡箔纸。

【制作方法】

（1）大虾去头、去壳、去沙线，开背洗净备用。

（2）大虾用洋葱碎、大蒜碎、香菜碎、柠檬汁、橄榄油、盐、黑胡椒粉、小米辣碎腌制 15 分钟；煮制好意大利面备用。

（3）取锡箔纸 4 张，做成纸碗。

（4）纸碗内放上腌制的大虾和腌制料，再放上玉米粒、樱桃番茄，包裹上锡箔纸，最后放在扒炉上烤熟。

（5）用小刀切开锡箔纸，淋上点燃的白兰地酒，待酒燃烧完成后，取出放在大盘上。

（6）出菜的时候，单独配烫热的意大利面条，食客吃完大虾，可以用锡箔纸碗里的少司拌面条。

【技术要点】

点燃白兰地酒时需使用不锈钢汁盅，烧热的白兰地酒才容易点燃。

【质量标准】

酒香浓郁，虾肉细嫩，色彩丰富，香辣可口。

【酒水搭配】

此款菜肴适合搭配各种户外烧烤饮用的酒水。

十四、铁扒红鱼柳配黄油柠檬汁（Grilled red snapper fillet with lemon juice）

【原料】（成品 4 人份）

红鱼柳 1200 克，红葱头 25 克，西芹 25 克，法香碎 5 克，盐适量，黑胡椒碎 3 克，白葡萄酒 150 毫升，柠檬 150 克，大蒜 50 克，黄油 100 克，红薯 500 克，五彩蝴蝶面 100 克，红椒 50 克，青椒 50 克，黄椒 50 克，洋葱 50 克，培根 50 克，面粉 100 克，黑胡椒 23 克，盐、白糖适量。

【设备器具】

细孔滤网、汤锅、炒锅、不锈钢铲、大盘。

【制作方法】

（1）红鱼柳整条用红葱头碎、西芹碎、法香碎、黑胡椒碎、盐、白葡萄酒腌制备用。

（2）煮制五彩蝴蝶面备用。红椒、青椒、黄椒、洋葱、培根切丁备用。

（3）腌制好的鱼柳用厨房专用棉纸吸干水分，蘸面粉放在扒炉上扒熟保温备用。

（4）煎锅内撒少许白糖，放上半个柠檬煎上色作装饰。红薯切块入油锅炸熟备用。

（5）炒锅内放黄油炒香大蒜碎、培根丁、洋葱丁、青椒丁、红椒丁、黄椒丁，放入蝴蝶面，调味后作配菜。

（6）炒锅内放大量黄油，炒香大蒜碎，加入大量白葡萄酒、柠檬汁煮制浓稠，调味后放入法香碎成柠檬黄油汁即可。

（7）大盘中间装入炒好的五彩蝴蝶面，四周用炸好的红薯块、煎好的柠檬等装饰，上面放上煎好的红鱼柳，淋黄油柠檬汁即可。

【技术要点】

（1）使用扒炉扒鱼柳的时候扒炉要先炙好，避免粘锅。

（2）也可用鱼柳粘面粉，然后粘鸡蛋液的形式，用煎的烹调方法来制作菜肴。

【质量标准】

肉质细腻，柠檬味浓，鲜香可口，色彩淡雅。

【酒水搭配】

此款菜肴适合搭配各式葡萄酒、香槟。

十五、咖喱肉蟹配炒饭（Curry crab with fried rice）

【原料】（成品 4 人份）

肉蟹 1200 克，鸡蛋 100 克，面粉 50 克，咖喱粉 25 克，咖喱酱 15 克，姜黄粉 10 克，洋葱 200 克，大蒜 50 克，老姜 25 克，椰浆 500 毫升，鸡骨架 500 克，色拉油 100 毫升，干辣椒 10 克，苹果 50 克，大米 500 克，红椒 50 克，青椒 50 克，洋葱 50 克，火腿 50 克，鸡蛋 100 克，黄瓜 50 克，盐、胡椒粉适量。

【设备器具】

细孔滤网、汤锅、炒锅、不锈钢铲、大盘。

【制作方法】

（1）肉蟹洗净，开壳后去内脏和鳃；蟹钳 2 块，敲碎；蟹身分割成 6 块。

（2）分割好的肉蟹撒少许盐、胡椒粉，粘鸡蛋液，然后粘面粉，入油锅炸熟备用。

（3）汤锅内放色拉油炒香姜黄粉、老姜、大蒜、干辣椒、洋葱、鸡骨架，然后加入苹果、咖喱粉、咖喱酱等调味，炒香后加入椰浆熬制 1 小时后，取出鸡骨架、干辣椒，最后把剩下的汁和调料一起用搅碎机打碎，过滤后成咖喱汁备用。

（4）用熬制好的咖喱汁烩制炸好的肉蟹，用盐和胡椒粉调味即可。

（5）用鸡蛋、青椒、红椒、火腿、洋葱、黄瓜等炒米饭作配菜。

（6）炒饭装模具后，倒扣入大盘上，放上烩制好的咖喱肉蟹即可。

【技术要点】

（1）用面粉蘸肉蟹的时候也可换成豆粉，效果更佳。

（2）炸蟹的时候注意油的量，一般炸过蟹的油不能重复使用，因为蟹的腥味很浓。

【质量标准】

肉质细嫩，咖喱浓郁，鲜甜味美，汁浓入味。

【酒水搭配】

此款菜肴适合搭配白兰地酒和威士忌酒。

十六、芝士焗帝王蟹脚（Roasted king crab feet with Béchamel sauce）

【原料】（成品 4 人份）

帝王蟹脚 1200 克，红葱头 50 克，白葡萄酒 50 毫升，韭葱 25 克，柠檬 50 克，黄油 50 克，面粉 80 克，牛奶 200 毫升，淡奶油 25 毫升，香叶 1 片，马苏里拉芝士 50 克，大蒜 25 克，蛋黄 50 克，盐、胡椒粉适量。

【设备器具】

细孔滤网、汤锅、炒锅、剪刀、汁盅、大盘、擦皮器。

【制作方法】

（1）帝王蟹蟹脚用剪刀剪成 12 厘米左右的长度，再把最上面的蟹壳煎掉，露出蟹肉备用。

（2）用红葱头碎、大蒜蓉、盐、胡椒粉、白葡萄酒、韭葱、柠檬汁腌制 15 分钟，撒上马苏里拉芝士丝，入烤炉烤至芝士颜色金黄即可装盘。

（3）用黄油炒面粉，加入香叶、牛奶、淡奶油等调味，离火加入蛋黄混合，过滤装汁盅内即可。

（4）大盘中间放入烤好的蟹脚两段，撒韭葱丝，配柠檬角、汁盅即可。

【技术要点】

选用的帝王蟹蟹脚要质量上乘、有肉的中段部分。

【质量标准】

简单快捷，高端大气，色泽金黄，肉质鲜美。

【酒水搭配】

此款菜肴适合搭配各种白兰地酒和伏特加酒。

十七、炸芝士鱼丸配牛油果沙拉（Deep-fried fish balls with avocado salad）

【原料】（成品 4 人份）

虹鳟鱼 1000 克，鸡蛋 200 克，豆粉 15 克，面粉 50 克，面包糠 50 克，牛油果 300 克，水芥菜 10 克，柠檬 25 克，马乃司汁 50 克，青芥末酱 5 克，盐、胡椒粉适量。

【设备器具】

细孔滤网、搅碎机、炒锅、大盘。

【制作方法】

（1）虹鳟鱼剔除鱼骨，取出鱼柳然用搅碎机打成鱼蓉，放盐、胡椒粉、鸡蛋白、豆粉充分搅拌后制成鱼丸，每个鱼丸里包裹一个牛油果丁。

（2）鱼丸粘面粉，粘鸡蛋液，再粘面包糠，入油炉炸熟即可保温备用。

（3）将柠檬汁加马乃司汁和青芥末酱混合成少司备用。

（4）牛油果用搅拌机打碎成泥备用。

（5）大盘内抹芥末汁，放上炸好的鱼丸，配牛油果泥、水芥菜装饰即可。

脆炸鸡肉球
理论讲解

【技术要点】

（1）调和鱼丸蓉的时候要注意掌握加水量需适度，特别是鸡蛋白的量。

（2）如果制作的鱼丸过大，炸不熟可以放入烤炉烤熟。

【质量标准】

鱼丸细嫩，色泽清淡，少司微冲，果泥细腻。

【酒水搭配】

此款菜肴适合搭配各种清新利口酒。

十八、芦笋石斑鱼配蛋黄奶油汁（Pan-fried grouper servers asparagus）

【原料】（成品 4 人份）

石斑鱼 1200 克，黑胡椒碎 10 克，白葡萄酒 50 毫升，法香碎 10 克，柠檬 50 克，鲜茴香 1 克，洋葱 25 克，芦笋 150 克，土豆 300 克，黄油 100 克，面粉 50 克，牛奶 150 毫升，淡奶油 25 毫升，胡萝卜 100 克，樱桃番茄 5 克，开心果 5 克，红椒 5 克，青椒 5 克，鸡蛋 100 克，盐适量。

【设备器具】

细孔滤网、汤锅、炒锅、大盘。

【制作方法】

（1）石斑鱼剔骨，取出鱼柳；土豆制作土豆泥备用。

（2）黄油炒面粉，降温后加入牛奶、淡奶油调味成白汁少司备用。

（3）石斑鱼柳撒盐、黑胡椒碎、法香碎、白葡萄酒、鲜茴香碎、柠檬汁、洋葱碎腌制后，粘面粉煎熟保温备用。

（4）芦笋、胡萝卜切长段焯水备用；土豆牛做成小方块备用。

（5）大盘内放芦笋、胡萝卜条，上面放上煎好的石斑鱼柳，四周放橄榄形土豆泥团。

（6）炒锅内放入适量白汁少司，调味后离火放入蛋黄，做成蛋黄奶油汁，淋在盘中。

（7）炒锅内放色拉油炒红椒粒、青椒粒、洋葱粒、开心果碎，放在鱼肉上面，最上面装饰半个樱桃番茄即可。

【技术要点】

调制的蛋黄奶油汁浓稠度要适宜，能挂在蔬菜上为佳。

【质量标准】

清新淡雅，色彩丰富，鱼肉细腻，芦笋脆嫩。

【酒水搭配】

此款菜肴适合搭配白葡萄酒。

十九、炸鱿鱼圈配香草汁（Fried squid rings with herb sauce）

【原料】（成品 4 人份）

鲜鱿鱼 800 克，盐适量，黑胡椒 5 克，鸡蛋 200 克，面粉 150 克，面包糠 50 克，泡打粉 2 克，马乃司汁 150 克，水瓜柳 1 克，酸黄瓜 1 克，鲜罗勒 1 克，法香碎 1 克，柠檬 50 克，樱桃番茄 5 克，黄瓜 50 克，胡萝卜 50 克，洋葱 100 克。

【设备器具】

细孔滤网、汤锅、炒锅、大盘、汁盅、吸油纸。

【制作方法】

（1）鲜鱿鱼去除内脏、鱿鱼头，洗净后切成圈晾干水分备用。

（2）鲜鱿鱼圈、洋葱圈用黑胡椒碎、盐、腌制后备用。

（3）面粉、鸡蛋、泡打粉调制成面糊备用。

（4）鲜鱿鱼圈、洋葱圈粘面糊后，粘面包糠，入油炉炸至金黄色即可。

（5）马乃司汁调和水瓜柳碎、酸黄瓜碎、鲜罗勒碎、法香碎、柠檬汁成香草汁，装汁盅内配菜上桌。

（6）大盘内放上汁盅、洋葱圈、鲜鱿鱼圈，再配上黄瓜条、胡萝卜条、樱桃番茄即可。

【技术要点】

（1）面糊浓稠度调制需适宜，以原料蘸的时候方便、炸的时候不脱为佳。

（2）洋葱圈切好后选用尺度基本一致的使用。

【质量标准】

色泽金黄，外酥内嫩，搭配适当，大小均匀。

【酒水搭配】

此款菜肴适合搭配各种烈酒和白葡萄酒。

二十、铁扒大虾配红酒汁（Grilled king prawns with red wine sauce）

【原料】（成品 4 人份）

老虎虾 1600 克，土豆 200 克，红椒 100 克，水芥菜 25 克，布朗少司 300 毫升，松子 20 克，西芹 50 克，葡萄干 15 克，黑酒醋 5 克，红葡萄酒 50 毫升，黄油 50 克，白兰地酒 25 毫升，橄榄油 50 毫升，柠檬 25 克。

【设备器具】

细孔滤网、汤锅、炒锅、大盘、铁板。

【制作方法】

（1）老虎虾去头、去壳、去沙线，留虾尾；土豆制成土豆泥备用。

（2）部分红椒切长方片备用，余下的红椒切粒，西芹切粒备用。

（3）布朗少司加入红葡萄酒、黑酒醋浓缩为红酒汁备用。

（4）铁板上放橄榄油，然后放上大虾、红椒片煎上色，淋白兰地酒至燃烧，保温备用。

（5）大盘中间放上土豆泥，然后放上一片红椒，摆放上大虾，四周淋上红酒汁。

（6）用黄油将松子、西芹粒、红椒粒、葡萄干炒熟，作为装饰放在大虾上，其色彩丰富。最上面以水芥菜、柠檬角装饰即可。

【技术要点】

扒的时候注意掌握火候；先扒红椒，因为烹调红椒的时间较长。

【质量标准】

肉质鲜美，色泽艳丽，搭配丰富，味香汁浓。

【酒水搭配】

此款菜肴适合搭配白兰地等烈性酒。

课后拓展与思考

（1）西餐海鲜菜肴品质鉴别的标准和方法是什么？

（2）西餐海鲜类原料通常适用于哪种烹调方法，在菜肴制作过程中应用的原则和技巧是什么？

（3）西餐基础汤和基础少司在海鲜类菜肴制作中，如何与原料配合搭配？

（4）请用中英文列出西餐中常见海鲜菜肴的制作工艺，如配方、制作方法、制作要领和应用范围等。

西式畜肉类主菜制作与实训

西式畜肉类主菜制作与实训

项目导读

西餐畜肉类菜肴包含各种特色牛扒、羊扒等牛羊肉类菜式，是西餐主菜的重要组成部分，也是西餐学习的重点。常见西餐畜肉类原料包括：牛羊肉类食材，烹饪方法以代表性的扒、烤、煎等烹饪工艺为多，常见使用品种部位为：牛柳扒、西冷牛扒、肉眼牛扒、T骨牛扒、牛仔骨、牛霖肉、黄瓜条、牛上脑、羊扒、羊鞍、羊腿、羊肉等，搭配用基础汤做的酱汁或是传统的黄油少司，配以各种红葡萄酒提升风味。

在本单元的学习中，因为各种畜肉类原料食材的性能、质地、产地、特点、形态和风味各不相同，所以菜肴在成菜后的色、香、味、形、质等诸多要素方面的要求也各不相同，其适应的烹制方法，加热手段，制熟工艺等都各有特色，需要根据食材的特点，和不同国家或地区的菜肴风格和风土人情，去合理地运用和烹任，才能更好地呈现出不同畜肉类菜肴的风味特点。

理论学习目标

（1）了解并学习西餐中畜肉类原料食材的种类和特点。

（2）学习并掌握西餐经典畜肉类菜肴的原料配方、制作工艺、成菜标准及应用变化。

（3）掌握西餐菜肴品质鉴别的标准和方法。

（4）掌握西餐中常见畜肉类菜肴的装盘和装饰技法，能够按照标准化程序，独立进行各式畜肉类菜肴品种的规范操作、熟练运用与变化。

实践应用目标

（1）掌握现代西餐畜肉类菜肴的变化与应用，以多角度的形式呈现西式畜肉类菜肴的特色。

（2）熟练掌握现代烹任设备的应用方法，遵守食品安全的规范与标准，学习实训单品加工与批量生产的技术操作要领。

（3）在西式畜类主菜制作项目学习中，积极了解该行业发展动向，加强基础学科知识学习，着力提高烹任科学素养的培养，注重在创新精神与实践能力方面的锻炼，以进一步提高产教融合、科教融合的力度和深度。

知识准备

西餐常见各类畜肉类食材原料的名称、类型、特点、风味和外文名称，以及常见基本西餐烹调技法的英文方式，以及HACCP食品安全管理体系知识。

德育修养

通过各种西式畜肉类菜肴的实训学习，引导学生践行社会主义核心价值观，在教学过程中，围绕“爱国、敬业、诚信、勤俭”的核心思想，在本单元的菜肴实训教学中，培养学生崇高的品德和深厚的爱国情怀，西餐畜肉类原料品级高，价格贵，加工中注意以良好的职业态度和诚实守信的作风进行加工制作，为更好地把优秀的我国食材运用到菜品中，发扬创新和探索精神；同时秉承勤俭节约精神，物尽其用不浪费，把加工的边角余料充分利用，制成菜肴或者汤汁调味，呈现良好的职业道德和精神风貌。始终如一地保持良好的职业素养，严格卫生安全意识，保证舌尖上的安全，维护绿色饮食的营养和健康。

学习目标

了解并学习西餐中常用畜肉类原料的种类。

熟悉常用畜肉原料的性质、品质鉴别方法和选用要求。

熟悉并掌握西餐烹调设备与器具的使用方法与维护技术。

了解常用畜肉原料的初加工方法；西餐常见畜肉类菜肴的原料配方、制作工艺、成菜标准及应用变化、西式菜肴品质鉴别的标准和方法；并能够按照标准化程序，独立制作和创新各式畜肉类菜肴。

西餐套餐菜单中，头盘是第一道菜，被称为开胃菜，相当于中餐的凉菜，第二道菜通常是开胃汤，然后就是主菜。主菜英文是 main course，根据所用原料可以分为海鲜白肉类主菜和畜肉红肉类主菜两个大类。红肉类主菜以牛肉、羊肉、猪肉、肝脏类和肉类加工制品为主，制作方法多样，口味浓厚，通常适宜搭配香味浓郁的红葡萄酒和白兰地酒等。

一、胡椒牛扒（Steaks au poivre）

【原料】（成品 4 人份）

牛柳 700 克，粗胡椒碎 40 克，黄油 40 克，色拉油 30 克，洋葱碎 40 克，白兰地酒 40 毫升，干红葡萄酒 100 毫升，淡奶油 100 毫升，西班牙少司 1 升，时令蔬菜、盐适量。

【设备器具】

肉锤、不锈钢盆、吸油纸、细孔滤网、煎铲、木搅板、平底煎锅、不锈钢少司锅、少司汁盅、盛菜菜盘。

【制作方法】

（1）将牛柳切成厚片，用肉锤拍松成牛扒，两面蘸匀粗胡椒碎备用。

（2）煎锅中加色拉油烧热，牛柳两面撒盐后，放入热油中煎至所需成熟度，取出放于吸油纸上，保温备用。

（3）去除锅内多余的油脂，加洋葱碎炒香，放入胡椒碎略炒，加白兰地酒点燃，烧出酒味，倒入干红葡萄酒，煮至酒汁将干时，倒入西班牙少司煮沸；转小火煮稠后，加淡奶油和盐调味，离火加黄油搅化，成胡椒酱汁，保温备用。

（4）将牛扒装盘，淋汁配时令蔬菜即可。

【技术要点】

（1）牛柳切片后，要保持足够的厚度，才能在煎制中保持丰厚的肉汁和应有的嫩度。

（2）牛扒表面均匀粘满胡椒碎后，可以用手压紧，以免胡椒碎脱落。

（3）牛扒煎制前撒盐，以保证肉扒内部的肉汁不会溢出。

（4）以小火慢煮制作胡椒酱汁，用淡奶油融合胡椒的香辣味，量不宜多。

(5) 注意控制牛扒煎制的成熟度，牛扒的成熟度通常分成以下几类：

胡椒牛扒
理论讲解

- 极生牛扒（英文：extrarare；法文：cru）；
- 一成熟（英文：rare；法文：bleu）；
- 三成熟（英文：medium rare；法文：saignant）；
- 五成熟（英文：medium；法文：à point）；
- 七成熟（英文：medium well；法文：cuit）；
- 全熟（英文：well done；法文：bien cuit）。

【质量标准】

牛扒肉汁丰厚，质地细嫩，胡椒酱汁味浓咸鲜，略带胡椒香辣，适口不腻。

【酒水搭配】

此款菜肴适合搭配各种浓郁香型的红葡萄酒。

二、汉堡牛扒（Hamburger steak with mushroom gravy）

【原料】（成品 4 人份）

牛绞肉 500 克，猪五花绞肉 100 克，鸡蛋 1 个，面包糠 40 克，牛奶 30 毫升，洋葱碎 60 克，大蒜碎 40 克，法香碎 10 克，马佐林香草 0.2 克，阿里根奴香草 0.2 克，白兰地酒 10 毫升，辣酱油 10 克，肉豆蔻粉 2 克，蘑菇 100 克，干红葡萄酒 100 毫升，香叶 0.1 克，百里香 0.3 克，烧汁 200 毫升，黄油 40 克，法式炸薯条 400 克，时令蔬菜、盐和胡椒粉适量。

【设备器具】

吸油纸、不锈钢盆、细孔滤网、木搅板、煎铲、平扒炉、不锈钢少司锅、少司汁盅、盛菜菜盘。

【制作方法】

(1) 将面包糠用牛奶泡软、搓烂。洋葱碎 40 克、蘑菇碎 30 克和大蒜碎 20 克用黄油炒香。

(2) 将牛绞肉、猪五花绞肉、面包糠、炒香的洋葱、蘑菇和大蒜碎、鸡蛋、法香碎、马佐林香草、阿里根奴香草、白兰地酒、辣酱油、肉豆蔻粉、盐和胡椒粉等搅匀上劲，做成汉堡肉饼。

(3) 将汉堡肉饼放于预热的扒炉上，煎定型、成熟后，保温备用。

(4) 将洋葱碎 20 克、大蒜碎 20 克和蘑菇片 70 克用黄油炒香，加香叶、百里香、干红葡萄酒煮干，倒入烧汁煮稠，加盐和胡椒粉调味，成蘑菇少司。

(5) 汉堡肉饼装盘淋汁，配法式炸薯条和时令蔬菜即成。

【技术要点】

(1) 牛肉蓉须搅拌上劲，肉饼才会形整不烂，肉汁丰厚。

(2) 牛绞肉中可以加适量的猪肥肉蓉，以增加肉饼的滋润口感。

【质量标准】

肉饼色泽棕褐，质嫩鲜香，咸鲜浓厚，蘑菇酱适口不腻。

【酒水搭配】

此款菜肴适宜搭配各种浓郁香型的红葡萄酒。

三、贝尔西牛扒（Tournedos Bercy）

【原料】（成品 4 人份）

菲力牛柳 700 克，吐司面包 4 片，黄油 80 克，红葱碎 60 克，干白葡萄酒 200 毫升，西班牙少司 500 毫升，法香碎 20 克，柠檬汁 10 克，煮熟的牛骨髓 20 克，时令蔬菜、盐和胡椒粉适量。

【设备器具】

少司汁盅、吸油纸、肉锤、细孔滤网、盛菜菜盘、煎铲、木搅板、平底煎锅、不锈钢少司锅、不锈钢盆。

【制作方法】

（1）制作贝尔西黄油：将 100 毫升干白葡萄酒和 20 克红葱碎放入少司锅中加热浓缩，煮至原来体积的一半时，离火加入搅软的黄油 20 克，再加煮熟的牛骨髓、法香碎、柠檬汁、盐和胡椒粉调匀，成贝尔西黄油，保温备用。

（2）菲力牛柳切成圆形厚块，用肉锤拍软成牛扒，撒盐和胡椒粉调味，放入热油中煎至所需成熟度，取出放在吸油纸上，保温备用。吐司面包片切成与牛扒一样直径的圆片，用黄油煎香上色备用。

（3）去除锅内多余的油脂，放入 40 克红葱碎炒香，加 100 毫升干白葡萄酒，煮至酒汁将干时，倒入西班牙少司煮稠，加盐和胡椒粉调味，离火加黄油搅化，成贝尔西少司，保温备用。

（4）将牛扒放在煎香的土司片上，装盘后，牛扒表面淋上贝尔西少司和少许贝尔西黄油，撒上法香碎，配时令蔬菜即成。

【技术要点】

（1）西餐牛扒煎好后，不要立刻上菜。通常将牛扒保温静置 1～2 分钟，以沥去渗出的血水，牛扒内部的肉汁分布也更均匀，口感更佳。

（2）贝尔西少司和贝尔西黄油是贝尔西牛扒的特色，上菜时要保证菜肴的温度，以保持风味。

【质量标准】

牛扒鲜香细嫩，味汁香浓，有浓厚的红葱和酒香味。

【酒水搭配】

此款菜肴适合搭配各种浓郁香型的干白葡萄酒和干红葡萄酒。

四、罗西尼牛扒（Tournedos Rossini）

【原料】（成品 4 人份）

菲力牛柳 700 克、鲜肥鹅肝 200 克、吐司面包 200 克、西班牙少司 800 毫升、黑菌汁 100 毫升、黑菌片 4 片，马德拉葡萄酒 80 毫升，黄油 80 克，盐、胡椒粉适量。

【设备器具】

少司汁盅、吸油纸、细孔滤网、盛菜菜盘、平底煎锅、不锈钢少司锅、不锈钢盆。

【制作方法】

（1）将菲力牛柳整理成形，去筋后切成圆形牛扒，用棉线将牛扒捆扎定型；鹅肝切成 1 厘米的片备用。

（2）将吐司面包切成与牛扒一样直径的圆片，用黄油煎香上色备用。

（3）将牛扒撒盐和胡椒粉调味，放入热油中煎至所需成熟度，去除棉线，放在吸油纸上，保温备用。

（4）去除煎锅内多余的热油，加马德拉葡萄酒，煮至酒汁体积的 1/2 时，倒入西班牙少司和黑菌汁煮稠，加盐和胡椒粉调味，过滤后加黄油 10 克和黑菌片搅匀，成马德拉黑菌少司。

（5）煎锅洗净，置于中火上烧热，将鹅肝撒盐和胡椒粉调味，入热煎锅内煎制。定型、上色后，放于吸油纸上，保温备用。

（6）将吐司面包片放入热菜盘中垫底，上面依次放牛扒和鹅肝，淋汁后，用切好的黑菌薄片装饰即成。

【技术要点】

（1）根据菜品需求控制牛扒煎制的火候。

（2）马德拉黑菌少司中可以加入波特酒和白兰地酒提味。

（3）黑菌不宜高温长时间加热，可以在上菜时加入，以保持风味。

【质量标准】

牛扒鲜嫩多汁，鹅肝肥而不腻，少司香鲜味浓，成菜美观。

【酒水搭配】

此款菜肴适合搭配各种浓郁香型的红葡萄酒等。

五、维也纳式牛仔吉利（Wiener Schnitzel）

【原料】（成品 4 人份）

净小牛肉片 4 份（180 克/份），面粉 100 克，鸡蛋 2 个，面包糠 160 克，色拉油或澄清黄油 300 毫升，法香碎 10 克，土豆 100 克，柠檬 2 个，生菜 100 克、黄瓜 100 克，水瓜柳碎 20 克，银鱼柳 10 克，法式油醋汁、糖、盐和胡椒粉适量。

【设备器具】

肉锤、不锈钢盆、吸油纸、细孔滤网、平底煎锅、不锈钢少司锅、少司汁盅、盛菜菜盘。

【制作方法】

（1）将生菜、黄瓜、水瓜柳、银鱼柳、糖、法式油醋汁等拌匀成生菜沙拉。土豆煮熟切块，加油醋汁拌匀成土豆沙拉；或将土豆制成炸薯条备用。

（2）鸡蛋打散，加盐、胡椒粉和少许植物油调匀。柠檬切片。

（3）将小牛肉片用保鲜膜包紧，用肉锤拍扁，撒盐和胡椒粉调味，依次蘸面粉、蛋液和面包糠，备用。

（4）煎锅置于中火上，加油烧至150℃，放入牛扒煎制，至两面成金黄色、酥香时取出，放于吸油纸上沥油，保温备用。

（5）将牛扒放入热菜盘中，配柠檬片、生菜沙拉、土豆沙拉或炸薯条，撒法香碎装饰即成。

【技术要点】

（1）小牛肉片不宜过厚，以4毫米厚为佳，便于成熟。

（2）煎制油温控制在150℃为佳。煎牛扒时，油量较多，以浸没牛扒2/3为佳。

（3）煎制时，注意控制火候，可以用汤勺将热油舀起淋在牛扒表面，使煎炸热度均匀。

（4）牛扒可以提前20分钟过“三关”煎制，以保证肉扒香酥的口感。

【质量标准】

牛扒外酥内嫩，口感丰富，鲜香适口，造型美观。

【酒水搭配】

此款菜肴适合搭配各种浓郁香型的红葡萄酒等。

六、芥末猪扒（Pork cutlet with sauce Charcutière）

【原料】（成品4人份）

净猪柳或猪里脊肉700克，面粉50克，红葱40克，干白葡萄酒150毫升，黑胡椒碎1克，西班牙少司500毫升，柠檬汁5毫升，酸黄瓜30克，第戎芥末酱15克，小片黄油50克，澄清黄油120克，蔬菜配料、盐和胡椒粉适量。

【设备器具】

吸油纸、不锈钢盆、细孔滤网、平底煎锅、不锈钢少司锅、少司汁盅、盛菜菜盘。

【制作方法】

（1）将猪柳整理去筋，切成大块，用肉锤拍成6毫米厚的猪扒。

（2）红葱切碎，酸黄瓜切丝。第戎芥末酱用少许水稀释调匀。

（3）煎锅置于中火上，加澄清黄油烧热。猪扒表面撒盐和胡椒粉，蘸匀面粉，放入热油中煎熟后取出，放在吸油纸上，保温备用。

（4）去除煎锅内多余的油脂，加红葱碎炒香，放入干白葡萄酒和黑胡椒碎，煮至酒汁将干时，倒入西班牙少司，小火浓缩煮稠。

（5）将少司过滤后倒入少司锅中，加柠檬汁、酸黄瓜丝和第戎芥末酱搅匀，离火加黄油搅化，加盐和胡椒粉调味成芥末汁。

（6）将猪扒和蔬菜配料放入热菜盘中，淋上少司即成。

【技术要点】

（1）控制猪扒煎制的火候。肉扒以中心温度为63℃、刚熟、肉嫩多汁为佳。

（2）第戎芥末酱应先用水或少司稀释，再加入酱汁中搅匀。

（3）少司做好后，应离火加黄油搅化，以使少司光亮、风味浓厚。

【质量标准】

猪扒鲜嫩，少司咸鲜酸香，芥末味香浓，开胃解腻。

【酒水搭配】

此款菜肴适合搭配各种浓郁香型的红葡萄酒和白葡萄酒。

七、奖章猪扒（Pork medallions）

【原料】（成品4人份）

净猪柳或猪里脊肉700克，红葱80克，干白葡萄酒100毫升，粗黑胡椒碎1克，雪利酒醋90毫升，红糖45克，西班牙少司500毫升，小片黄油50克，培根30克，大蒜10克，卷心菜500克，细砂糖15克，凯莉茴香1克，法香碎2克，澄清黄油120克，盐、胡椒粉适量。

【设备器具】

吸油纸、不锈钢盆、细孔滤网、平底煎锅、不锈钢少司锅、少司汁盅、盛菜菜盘。

【制作方法】

（1）将猪柳整理去筋，切成60克/块的大块，用肉锤拍成6毫米厚的圆形猪扒备用。

（2）红葱切碎；培根切成小丁；大蒜切碎；卷心菜切成丝。

（3）将培根碎用少许澄清黄油炒香，加红葱碎40克和大蒜碎炒匀，加卷心菜丝炒软，加雪利酒醋30毫升、细砂糖、凯莉茴香、盐和胡椒粉调味，撒法香碎成卷心菜沙拉，保温备用。

（4）少司锅置于中火上，加雪利酒醋60毫升和红糖煮沸。至红糖溶化成糖浆时，加入西班牙少司搅匀，转小火浓缩煮稠，过滤后加小片黄油搅化，成雪利酒醋汁备用。

（5）煎锅置于中火上，加澄清黄油烧热。猪扒表面撒盐和胡椒粉调味，放入热油中煎熟后取出，放在吸油纸上，保温备用。

（6）去除煎锅内多余的油脂，加红葱碎40克炒香，放入干白葡萄酒和黑胡椒碎，

煮至酒汁将干时，倒入雪利酒醋汁，小火浓缩煮稠，加盐和胡椒粉调味，成少司备用。

（7）将猪扒装入热菜盘中，配卷心菜沙拉和少司即成。

【技术要点】

（1）制作雪利酒醋汁时，应随时搅动锅底，避免糖汁粘锅焦煳。

（2）控制猪扒煎制的火候，猪扒以刚熟、肉嫩多汁为佳。

【质量标准】

猪扒鲜嫩，少司甜酸适口，咸鲜适度，开胃解腻。

【酒水搭配】

此款菜肴适合搭配各种浓郁香型的红葡萄酒和白葡萄酒等。

八、比吉打小牛扒（Veal piccata with Milanese sauce）

【原料】（成品 4 人份）

牛柳 700 克，色拉油 120 毫升，鸡蛋 120 克，帕尔玛芝士粉 30 克，面粉 100 克，牛肝菌 100 克，杏仁粉 140 克，澄清黄油 50 克，白蘑菇 60 克，红葱 30 克，干红葡萄酒 180 毫升，番茄少司 350 毫升，西班牙少司 350 毫升，火腿 60 克，牛舌 30 克，法香 2 克，时令蔬菜、盐和胡椒粉适量。

【设备器具】

吸油纸、不锈钢盆、细孔滤网、平底煎锅、不锈钢少司锅、少司汁盅、盛菜菜盘。

【制作方法】

（1）将白蘑菇、牛舌、火腿切丝，牛肝菌切丝，红葱、法香切细碎。将鸡蛋打散，加帕尔玛芝士粉调匀后备用。

（2）牛柳去筋，切成 1 厘米厚的大片，用保鲜膜包上后，用肉锤拍成 6 毫米厚的牛扒，将牛肝菌丝插入牛扒上备用。

（3）煎锅置于中火上，加色拉油烧热。牛扒表面撒盐和胡椒粉调味，依次粘匀面粉、鸡蛋液和面粉，再放入热油中煎至表面金黄色、香脆时取出，放在吸油纸上，保温备用。

（4）少司锅中加澄清黄油烧热，放入蘑菇和红葱炒香，倒入干红葡萄酒，煮至酒汁将干时，倒入番茄少司和西班牙少司，小火浓缩煮稠，加入火腿、牛舌和法香碎，加盐和胡椒粉调味，成米兰少司备用。

（5）将牛扒装入垫有吸油纸的热菜盘中，配卷时令蔬菜和少司即成。

【技术要点】

（1）炸前将牛扒蘸面粉、鸡蛋液和面粉，不宜过早进行此操作。

（2）注意煎制的火候和油温，以小牛扒刚熟为佳，切忌焦煳。

【质量标准】

色彩金黄，成菜美观，口感丰富，外香脆内鲜嫩，风味独特。

【酒水搭配】

此款菜肴适合搭配各种浓郁香型的红葡萄酒。

九、苹果猪扒（Grilled pork chops）

【原料】（成品 4 人份）

带骨猪排 4 份（200 克/份），红苹果 4 个，柠檬 1 个，细砂糖 115 克，猪肉边角料 150 克，色拉油 40 毫升，胡萝卜 30 克，洋葱 120 克，西芹 30 克，韭葱 30 克，苹果白兰地酒 20 毫升，苹果酒 250 毫升，布朗牛肉基础汤 1 升，香料束 1 束，红椰菜 350 克，红葱 40 克，绿苹果 80 克，干红葡萄酒 100 毫升，红酒醋 100 毫升，果酱 30 克，肉桂棒 1 支，杜松子 1 克，香叶 1 片，丁香 1 个，玉米淀粉、盐和胡椒粉适量。

【设备器具】

吸油纸、不锈钢盆、细孔滤网、平底煎锅、不锈钢少司锅、大主菜菜盘。

【制作方法】

（1）将红苹果去皮、去芯，切成苹果角，加 1/2 的柠檬汁拌匀；猪肉边角料切成 3 厘米的块；胡萝卜、洋葱、西芹、韭葱切成丁；柠檬挤出柠檬汁；红椰菜切丝；红葱切丁；绿苹果去皮切成丁；将肉桂棒、杜松子、香叶、丁香做成香料袋；玉米淀粉加水调匀成淀粉汁备用。

（2）少司锅置于中火上，加油烧热，放入红葱和绿苹果炒香，加入干红葡萄酒、红酒醋、果酱、细砂糖 15 克和少许水煮沸，放入红椰菜和香料袋，加盖后送入 170℃的烤炉内煨制，至红椰菜软熟后取出，去除香料袋，加盐和胡椒粉调味，保温备用。

（3）煎锅内放入细砂糖和 1/2 的柠檬汁，用小火煮至糖溶化，成焦糖后放入红苹果角，粘匀焦糖浆，撒盐调味成焦糖苹果角，保温备用。

（4）少司锅置于中火上，加油烧热，放入猪肉边角料，煎至棕褐色时，加入胡萝卜、洋葱、西芹、韭葱炒上色，加入苹果白兰地酒点燃，再加入苹果酒煮至 1/2 时，倒入布朗牛肉基础汤、加香料束煮沸，转小火浓缩 30 分钟，加入淀粉汁勾芡，浓稠后过滤，加盐和胡椒粉调味成苹果酒少司。

（5）预热条形坑扒炉。将猪排撒盐和胡椒粉调味，刷油后放于热扒炉上扒制，至均匀上色，扒出条形焦纹，猪排刚熟时装盘，配红椰菜、焦糖苹果角和少司即成。

【技术要点】

（1）制作焦糖苹果角时，注意焦糖煮制的火候，火力应小，切忌焦煳，将苹果角蘸匀糖浆即可。

（2）猪排铁扒至刚熟，表面呈现均匀焦纹即可，不宜过老。

【质量标准】

猪排鲜嫩，少司酒香浓郁，咸甜香浓，风味独特。

【酒水搭配】

此款菜肴适合搭配各种浓郁香型的白葡萄酒。

十、香煎小羊扒配蒜味奶油汁（Lamb chops with garlic cream sauce）

【原料】（成品 4 人份）

小羊扒 4 份（180 克/份），黄油 100 克，布朗羊肉汤 500 毫升，大蒜 100 克，淡奶油 150 毫升，香叶 1 片，百里香 1 克，迷迭香 1 克，橄榄油 40 克，干白葡萄酒 100 毫升，时鲜蔬菜、盐和胡椒粉适量。

【设备器具】

不锈钢方盘、不锈钢汁盆、少司汁盅、吸油纸、细孔滤网、盛菜菜盘、蛋抽、平底煎锅、不锈钢少司锅、果汁搅碎机等。

【制作方法】

（1）将小羊扒剔去肥油和筋络，加大蒜碎 20 克、迷迭香、橄榄油拌匀腌制备用。

（2）锅中加黄油烧热，放入大蒜碎 80 克炒香，加淡奶油 50 毫升、布朗羊肉汤 50 毫升、香叶、百里香、迷迭香煮稠后，去除香叶、百里香、迷迭香，将酱汁用搅碎机搅碎成蒜蓉奶油酱备用。

（3）将小羊扒撒上盐和胡椒粉调味，放入热油中，煎至所需成熟度，取出放在吸油纸上，保温备用。

（4）在煎小羊扒的锅中放入白葡萄酒煮干，倒入布朗羊肉汤 450 毫升和剩下的淡奶油 100 毫升，煮稠后加蒜蓉奶油酱、盐和胡椒粉调味，成蒜味奶油汁。

（5）将小羊扒装入热菜盘中，淋上蒜味奶油汁，配时鲜蔬菜即成。

【技术要点】

（1）用小火浓缩煮稠奶油蒜蓉酱，将酱汁搅碎后，使酱汁风味更浓厚。

（2）小羊扒煎制前需撒盐调味，以保持羊扒鲜嫩的肉汁。

（3）根据菜品要求控制羊扒成熟度，通常以五成或七成熟为佳。

【质量标准】

小羊扒软嫩多汁，少司棕红，奶油味香浓，蒜香适口。

【酒水搭配】

此款菜肴适合搭配各种浓郁香型的白葡萄酒和红葡萄酒。

十一、香草烤羊鞍（Roast lamb rack Persillé）

【原料】（成品 4 人份）

法式小羊鞍 4 份（230 克/2 支/份），法香 40 克，面包糠 150 克，大蒜 10 克，黄油 100 克，迷迭香香草 1 克，黑胡椒 1 克，百里香 1 克，芥末酱 40 克，胡萝卜 80 克，洋葱 120 克，西芹 60 克，干红葡萄酒 100 毫升，西班牙少司 600 毫升，橄榄油 30 毫升，盐、胡椒粉适量。

【设备器具】

吸油纸、不锈钢盆、细孔滤网、平底煎锅、不锈钢少司锅、少司汁盅、盛菜菜盘、烤盘。

【制作方法】

（1）将法式小羊鞍剔筋、修整成形；将法香切碎；面包糠过筛，大蒜切碎。胡萝卜、洋葱和西芹切成丁。

（2）黄油化软，加法香碎、大蒜碎和面包糠拌匀，加盐和胡椒粉调味，拌匀成香草黄油备用。

（3）将法式小羊鞍刷橄榄油，撒上百里香碎和迷迭香香草碎，加盐和胡椒粉调味，放入烤盘内，旁边配胡萝卜丁、洋葱丁、西芹丁，送入200℃烤炉内烤15分钟，再降低炉温至160℃烤制到五成熟。

（4）取出小羊鞍，在小羊鞍表面刷匀芥末酱，贴满香草黄油，再送入烤炉烤至香草黄油呈浅褐色时取出，保温备用。

（5）将烤盘放在燃气灶上加热，将烤肉的胡萝卜丁、洋葱丁、西芹丁炒香成棕褐色，加干红葡萄酒煮至酒汁将干时，倒入西班牙少司煮沸，转小火煮稠，调味成少司，保温备用。

（6）将小羊鞍切成带骨羊排，一份两片，装盘淋汁成菜。

【技术要点】

（1）控制小羊鞍烤制火候。小羊鞍送入200℃的烤炉先烤约15分钟，再降炉温至160℃烤至所需成熟度，以羊排中心肉质呈玫瑰红色为佳。

香草烤羊排
理论讲解

（2）小羊鞍先用高温速烤，避免肉汁外溢，定型后再降温烤制。一般羊鞍烤20～25分钟，羊脊肉烤35～40分钟，羊腿肉烤50～55分钟。烤制火候：小羊鞍以肉质呈玫瑰红为佳，羊肉以带血红色为佳。

【质量标准】

小羊鞍柔嫩多汁，断面呈玫瑰红色，香草风味浓厚，适口宜人。

【酒水搭配】

此款菜肴适合搭配各种浓郁香型的红葡萄酒。

十二、什锦串烧肉串（Assorted meats skewers）

【原料】（成品4人份）

猪里脊150克，小牛里脊150克，鸡脯肉150克，香肠100克，培根50克，蘑菇50克，洋葱50克，青椒50克，红椒50克，香叶1克，百里香1克，干红葡萄酒50克，柠檬汁50毫升，色拉油50毫升，洋葱60克，大蒜30克，法香3克，生菜沙拉、烧汁、盐和胡椒粉适量。

【设备器具】

吸油纸、竹签、不锈钢盆、细孔滤网、平底煎锅、不锈钢少司锅、少司汁盅、盛菜菜盘。

【制作方法】

（1）猪里脊、小牛里脊、鸡脯肉、香肠、红椒、青椒、洋葱等切成 3 厘米的块。把切成块的肉类原料和香叶、百里香、干红葡萄酒、柠檬汁、色拉油、洋葱碎、大蒜碎、法香碎、盐和胡椒粉等腌制料拌匀，送入冰箱冷藏腌制 6 小时或一晚备用。

（2）串烧的竹签放入水中浸泡 30 分钟，将腌制好的原料依次穿在竹签上制成整齐的串烧。

（3）预热条形坑扒炉。将肉串放在热的坑扒炉上，加热 3～4 分钟后翻面，再扒制 3～4 分钟，至肉上色成熟后，取出保温备用。

（4）将肉串放入热菜盘中，配生菜沙拉和烧汁即成。

【技术要点】

（1）各种原料初加工时尽量大小一致，成形较为美观。

（2）穿制肉串时，各种原料间距紧密些，因为加热后各原料会脱水出现空隙。

（3）串烧原料都需要腌制，入味才均匀。通常可以提前制作，冷藏腌制，烹制时，现取现用，方便快捷。

【质量标准】

成形美观，色彩丰富，外焦里嫩。

【酒水搭配】

此款菜肴适合搭配各种浓郁香型的红葡萄酒。

十三、香草焗牛扒（Barbecued steak with herb crust）

【原料】（成品 4 人份）

西冷牛扒 4 份（230 克/份），法香 8 克，面包糠 90 克，大蒜 10 克，黄油 90 克，番茄沙司 500 克，白酒醋 130 克，清水 60 克，红糖 50 克，辣酱油 40 毫升，匈牙利红椒粉 10 克，西班牙辣椒粉 12 克，芥末酱 50 克，橄榄油 30 毫升，盐、胡椒粉适量。

【设备器具】

吸油纸、不锈钢盆、细孔滤网、果汁搅碎机、平底煎锅、不锈钢少司锅、少司汁盅、盛菜菜盘。

【制作方法】

（1）将番茄沙司、白酒醋、清水、红糖、辣酱油、匈牙利红椒粉、西班牙辣椒粉、芥末酱（10 克）、盐和胡椒粉放入果汁搅碎机中，搅碎成酱汁，调味后即成烧烤酱汁。

（2）将黄油软化，加法香碎、大蒜碎和面包糠拌匀，加盐和胡椒粉调味，拌匀成脆皮香草黄油备用。

（3）将西冷牛扒刷橄榄油，撒大蒜碎，加盐和胡椒粉调味。

（4）预热条形坑扒炉。将西冷牛扒放在热的坑扒炉上，加热 2 分钟后翻面，再扒制 5～11 分钟，控制成熟度（一成熟、三成熟、五成熟、七成熟），取出保温备用。

（5）上菜前，将牛扒表面刷匀芥末酱（40 克），贴满脆皮香草黄油，再送入高温面火烤炉烤至脆皮香草黄油呈棕褐色时取出，趁热装盘，配烧烤酱汁即成。

【技术要点】

（1）扒制牛扒时，注意控制成熟度，根据菜品要求准确把握火候。

（2）除了烧烤酱汁，也可以使用烧汁、番茄汁等少司搭配，风味亦佳。

【质量标准】

牛扒鲜嫩多汁，脆皮香草风味浓厚，适口宜人。

【酒水搭配】

此款菜肴适合搭配各种浓郁香型的红葡萄酒。

十四、蜜汁烤排骨（Roasted barbecue pork rib）

【原料】（成品 4 人份）

猪排骨 2.5 千克，红酒醋 240 毫升，洋葱 120 克，香菜 30 克，阿里根奴香草碎 20 克，百里香 5 克，孜然粉 10 克，大蒜 40 克，塔巴斯科辣椒酱 10 克，匈牙利红椒粉 5 克，西班牙辣椒粉 5 克，果酱 250 克，番茄酱 50 克，蜜糖浆 20 克，芥末酱 20 克，雪利酒 90 毫升，清水 530 毫升，青柠檬汁 90 毫升，盐、胡椒粉适量。

【设备器具】

吸油纸、不锈钢盆、细孔滤网、平底煎锅、不锈钢汤锅、少司汁盅、盛菜菜盘、烤肉架。

【制作方法】

（1）将红酒醋、洋葱碎、香菜碎、阿里根奴香草碎、百里香碎、孜然粉（7 克）、大蒜（20 克）、塔巴斯科辣椒酱、匈牙利红椒粉、西班牙辣椒粉、350 毫升清水一同拌匀，制成腌制酱备用。

（2）将果酱、番茄酱、蜜糖浆、芥末酱、孜然粉（3 克）、大蒜碎（20 克）、雪利酒、清水（180 毫升）、青柠檬汁（90 毫升）、盐和胡椒粉适量一同拌匀，制成烧烤酱备用。

（3）选用上好的猪排骨中段，砍成长段，放入不锈钢盆中，加腌制酱拌匀，密封后送入冰箱，冷藏腌制 8 小时或一晚备用。

（4）将猪排骨和腌制酱放入汤锅中，用小火煮热后，密封加盖，送入 160℃的烤炉内，焖烤 30 分钟。

（5）取出猪排骨，沥水后，置于烤肉架上，送入 180℃的烤炉内烤 30 分钟，刷上烧烤酱继续烤制 10 分钟，再取出刷上烧烤酱继续烤制 10 分钟，至猪排骨表面光亮呈棕红色即可，趁热上菜即成。

【技术要点】

（1）猪排骨腌制时间要足，否则入味不够，影响成菜的风味。

（2）猪排骨先用汤锅密封烤制，使肉质软熟，再用烤肉架刷烤肉酱烤制，使成品上色增亮。

【质量标准】

色泽棕红，味甜酥适口、咸鲜香浓，风味独特。

【酒水搭配】

此款菜肴适合搭配浓郁香型的红葡萄酒。

十五、水果酿猪柳（Fruit stuffed loin of pork）

【原料】（成品4人份）

猪里脊肉700克，苹果200克，西梅150克，洋葱200克，西班牙少司800毫升，苹果白兰地酒100毫升，干白葡萄酒200毫升，黄油80克，细砂糖、盐和胡椒粉适量。

【设备器具】

肉锤、吸油纸、不锈钢盆、细孔滤网、平底煎锅、不锈钢少司锅、少司汁盅、盛菜菜盘。

【制作方法】

（1）将猪里脊肉去筋，修整成形，顺长度方向切开成大片，用肉锤拍扁平后，撒盐和胡椒粉调味备用。

（2）将苹果去皮切成丁，洋葱切碎。

（3）将少司锅置于中火上烧热，加黄油熔化，放入洋葱碎炒香，加苹果白兰地酒点燃，烧出酒味，加白葡萄酒煮干，加苹果丁炒匀，加300毫升西班牙少司煮沸，转小火煮至苹果软烂时，加西梅、细砂糖、盐和胡椒粉拌匀成馅料。

（4）将苹果西梅馅料铺在猪柳上，卷成肉卷，用棉线捆扎定型，送入160℃烤炉中烤30分钟，熟后取出。

（5）将猪柳取出，去除棉线，切片后淋上余下热的西班牙少司，装盘即成。

【技术要点】

（1）将猪里脊肉修整成形，注意切开成大片、拍扁平后，使肉片厚薄均匀，以保证肉卷成形一致。

（2）苹果西梅馅料要煮软、出味，以保证口味适口甜香。

（3）肉卷捆扎手法要紧实，以保证成菜美观。

（4）注意烤制时间，根据肉卷的厚度和酿制的馅料分量控制烤制的火候。

【质量标准】

猪肉质地鲜嫩，馅料清香甜酸，适口不腻。

【酒水搭配】

此款菜肴适合搭配各种浓郁香型的白葡萄酒。

十六、威灵顿牛柳（Beef Wellington）

【原料】（成品 4 人份）

牛柳 1 千克，洋葱 100 克，迷迭香 2 克，百里香 1 克，黑胡椒碎 1 克，第戎芥末酱 5 克，干红葡萄酒 100 毫升，鹅肝酱 100 克，西式火腿 150 克，鸡蛋 60 克，蘑菇 60 克，牛肝菌 30 克，黑菌丝 30 克，清酥皮 250 克，西班牙少司 300 毫升，马德拉葡萄酒 100 毫升，黄油 50 克，盐、胡椒粉和时鲜蔬菜适量。

【设备器具】

吸油纸、不锈钢盆、细孔滤网、平底煎锅、不锈钢少司锅、少司汁盅、盛菜菜盘、棉线。

【制作方法】

（1）将鸡蛋打散拌匀；蘑菇和牛肝菌用黄油 30 克炒香，加盐和胡椒粉调味备用。

（2）把牛柳去筋，修整成形，加洋葱、迷迭香、百里香、黑胡椒碎、干红葡萄酒、盐、第戎芥末酱抹匀，腌制 24 小时，用棉线捆绑好备用。

（3）去除牛柳表面的腌制料，放入热油中将牛柳表面煎变色，放凉后去除棉线，把鹅肝酱、火腿、黑菌丝和炒香的蘑菇等铺匀在牛柳上。

（4）将清酥皮擀压成 5 毫米厚的面皮，将牛柳包裹紧实，涂抹上蛋液，顶部用清酥皮条装饰。

（5）将牛柳卷送入 200℃的烤炉烤 20 分钟，至酥皮金黄、酥脆时取出，保温 15 分钟备用。

（6）少司锅置于中火上，加黄油烧热，放入牛柳的腌制料炒香，加干红葡萄酒煮干，加西班牙少司煮稠，过滤后加入马德拉葡萄酒调味，加黄油 20 克搅化成马德拉少司，倒入少司汁盅。

（7）将烤好的牛柳切片装盘，配时鲜蔬菜和马德拉少司，上菜即成。

【技术要点】

（1）牛柳需长时间腌制，便于充分入味。

（2）煎制牛柳时，使表面变色即可，以便锁住内部的肉汁，同时以确保牛肉烤制时不至于太生。

（3）牛肉宜选用嫩牛柳肉，其几乎不含肥肉，肉质细嫩，通常以三成熟或五成熟为佳。

（4）牛柳烤好后，切记要放凉 15 分钟再切片。

（5）注意牛柳的捆绑方法，烤好要去掉棉线。

【质量标准】

色泽金黄，外酥内鲜、牛柳细嫩、原汁原味、鹅肝酱味美。

【酒水搭配】

此款菜肴适合搭配各种浓郁香型的红葡萄酒。

十七、匈牙利烩猪肉（Pork Goulash）

【原料】（成品 4 人份）

猪肩肉 800 克，色拉油 50 毫升，匈牙利甜红椒粉 10 克，干白葡萄酒 100 毫升，洋葱 500 克，大蒜 20 克，面粉 30 克，番茄 200 克，番茄酱 40 克，西班牙少司 200 毫升，布朗牛肉基础汤 300 毫升，土豆 1 千克，香叶 1 克，百里香 1 克，法香茎 2 克，香叶芹 2 克，柠檬皮丝 1 克，凯莉茴香籽 1 克，马祖林香草 1 克，粗胡椒粒 0.5 克，黄油米饭或意大利面、盐和胡椒粉适量。

【设备器具】

吸油纸、不锈钢盆、细孔滤网、纱布、棉线、不锈钢少司锅、炖锅、少司汁盅、盛菜菜盘。

【制作方法】

（1）将猪肩肉切成 5 厘米的大块，撒匈牙利甜红椒粉、盐和胡椒粉调味备用。将香叶、百里香、法香茎、香叶芹、柠檬皮丝、凯莉茴香籽、马祖林香草、粗胡椒粒等用纱布包紧，用棉线扎成香料袋备用。

（2）将土豆切成橄榄形，放入冷水中（水量刚好淹没土豆），大火煮 2 分钟后取出，沥水后放入 170℃的热油中炸上色，取出备用。

（3）将炖锅置于中火上，加色拉油烧热，放入猪肉煎上色，加洋葱丁、大蒜碎炒香，加入干白葡萄酒煮干，放入面粉、番茄碎、番茄酱炒匀，倒入西班牙少司和布朗牛肉基础汤煮沸，放入香料袋，加盐和胡椒粉调味，将炖锅加盖密封后送入 170℃的烤炉内，烩制 1.5 小时。

（4）猪肉软熟后取出炖锅，去除香料袋，放入土豆烩入味，成匈牙利烩猪肉。

（5）盘中放入匈牙利烩猪肉，配黄油米饭或意大利面即成。

【技术要点】

（1）制作中加入匈牙利的特产——匈牙利甜红椒粉。其辣味很淡，微甜，颜色鲜红、悦目，味道可口，同时具有调色的作用，在西餐中广泛使用。

（2）土豆炸制后烧制，形整不烂，更易入味，风味更佳。

【质量标准】

色泽棕红，牛肉软嫩鲜香，红椒粉香辣，味厚不腻。

【酒水搭配】

此款菜肴适合搭配各种浓郁香型的红葡萄酒。

十八、德式牛肉卷（Beef Rouladen in Burgundy sauce）

【原料】（成品 4 人份）

牛腿肉 550 克，红椒粉 5 克，法国芥末酱 20 克，酸黄瓜 80 克，面粉 40 克，培根 80 克，红葱 30 克，火腿 40 克，牛绞肉 20 克，鸡蛋 1 个，面包糠 30 克，法香碎 1 克，

洋葱 100 克，胡萝卜 80 克，西芹 80 克，大蒜 20 克，迷迭香 1 克，鲜罗勒 1 克，番茄酱 50 克，干红葡萄酒 50 毫升，西班牙少司 700 毫升，色拉油 60 克，盐、胡椒粉适量。

【设备器具】

吸油纸、不锈钢盆、细孔滤网、平底煎锅、不锈钢少司锅、盛菜菜盘、炖锅、牙签。

【制作方法】

（1）将牛腿肉去筋，修整后切成 60 克一个的大薄片，撒盐、胡椒粉、红椒粉调味，加法国芥末酱抹匀。酸黄瓜切条。

（2）煎锅置于中火上，加色拉油 20 克烧热，放入培根碎炒出油，加红葱碎炒香，离火放入盆中，加火腿、牛绞肉、鸡蛋调匀，加面包糠和法香碎搅匀，加盐和胡椒粉调味，成馅料。

（3）将炒香后拌匀的馅料均匀铺在牛肉片上，放上酸黄瓜条，将牛肉片卷成卷，插上竹签定型，粘匀面粉后放于热油中煎扒上色，放入炖锅内。

（4）少司锅置于中火上，加油烧热，放入洋葱、胡萝卜丁、西芹丁、大蒜碎炒香，加迷迭香、鲜罗勒、番茄酱炒匀后，放入干红葡萄酒煮干，倒入西班牙少司煮沸，调味后倒入炖锅内，淹没肉卷的 2/3，加盖后送入 160℃的烤炉内，烩制 1.5 小时，至肉卷软熟后，装盘上菜即成。

【技术要点】

（1）牛肉片不宜过厚，以 6 毫米厚度为佳。

（2）炒香后拌匀的馅料放在牛肉片上抹匀，以使肉卷成形良好。

【质量标准】

肉卷成形整齐美观，色泽棕褐，汁鲜香，肉软嫩。

【酒水搭配】

此款菜肴适合搭配各种浓郁香型的红葡萄酒。

十九、爱尔兰炖小羊肉（Irish stew）

【原料】（成品 4 人份）

小羊肩肉 700 克，白色牛肉基础汤 800 毫升，香料束 1 束，洋葱 200 克，土豆 200 克，西芹 200 克，胡萝卜 200 克，白萝卜 200 克，法香碎 3 克，盐、胡椒粉适量。

【设备器具】

吸油纸、不锈钢盆、细孔滤网、盛菜菜盘、汤锅。

【制作方法】

（1）将羊肩肉切成 5 厘米的大块，撒盐和胡椒粉备用。洋葱、土豆、西芹丁、胡萝卜、白萝卜等切成大块。

（2）将白色牛肉基础汤放入汤锅中，加盐和胡椒粉煮沸，放入羊肉块，转小火保持汤汁微沸，用小火慢煮1小时，随时去除浮沫和浮油。

（3）再将洋葱、土豆块、西芹块、胡萝卜块、白萝卜块和香料束等放入羊肉汤中继续小火慢煮1小时，至羊肉和蔬菜都软熟入味后取出，装盘后撒上法香碎即成。

【技术要点】

（1）传统的爱尔兰炖羊肉是以绵羊羊肉为主，辅料通常只加土豆、洋葱和清水，而现在多用小羊肉，辅料中，还可以加入胡萝卜、白萝卜和欧洲防风萝卜等。

（2）制作中，注意保持汤面沸而不腾，随时去除浮沫和浮油，以小火慢煮至小羊肉软嫩适口为佳。

【质量标准】

羊肉软嫩适口，汤汁清鲜，蔬菜软熟清香，适口宜人。

【酒水搭配】

此款菜肴适宜搭配各种浓郁香型的红葡萄酒。

二十、红酒煨牛肉（Beef Bourguignon）

【原料】（成品4人份）

牛腩肉1千克，胡萝卜500克，洋葱100克，小洋葱20克，大蒜20克，香叶1克，百里香1克，法香梗4克，香叶芹2克，西芹茎40克，韭葱叶40克，粗胡椒碎20克，干红葡萄酒800毫升，白兰地酒100毫升，培根150克，蘑菇150克，小洋葱150克，吐司面包80克，黄油60克，腌制红酒适量，面粉30克，番茄酱40克，布朗牛肉汤2升，西班牙少司500毫升，时令蔬菜、盐和胡椒粉适量。

【设备器具】

吸油纸、不锈钢盆、细孔滤网、平底煎锅、不锈钢少司锅、少司汁盅、盛菜平盘

【制作方法】

（1）牛腩肉切成50克/块的块，胡萝卜、洋葱和培根切成小丁，大蒜切碎。将香叶、百里香、法香梗、香叶芹、西芹茎和韭葱叶等制成香料束。

（2）将牛肉块与胡萝卜、洋葱、大蒜、香料束、粗胡椒碎、干红葡萄酒、白兰地酒50毫升拌匀，冷藏腌制12小时备用。

（3）将培根用黄油炒香，小洋葱和蘑菇分别放入锅中，加水、盐、黄油煮熟。吐司面包切成心形片，用黄油煎香，撒法香碎备用。

（4）将牛肉和腌制蔬菜取出沥水。不锈钢少司锅中加油烧热，放入牛肉块煎上色，加腌制蔬菜炒香，倒入白兰地酒点燃，烧出酒味，加腌制红酒，用小火浓缩煮干，加面粉和番茄酱炒匀，再倒入布朗牛肉汤和西班牙少司煮沸，加盐和胡椒粉调味，加盖转小火煨3小时。

（5）牛肉软熟后取出，放入锅内，将煮汁过滤倒入牛肉中，加培根、蘑菇和小洋葱

烩入味即成。

（6）将牛肉、培根、蘑菇和小洋葱装盘淋汁，配吐司面包片和时鲜蔬菜即成。

【技术要点】

（1）腌制牛肉时，红酒用量以酒汁淹没牛肉为准，腌制12小时为佳。

（2）浓缩腌制红酒时，宜用小火煮干酒汁，避免用大火快速煮干，余留过多酸涩味。

（3）用同样方法可以制作红酒煨鸡、红酒煨兔肉、红酒煨鳗鱼等菜式，变化多样。

【质量标准】

牛肉软熟入味，呈深棕褐色，酒香味浓。

【酒水搭配】

此款菜肴适合搭配各种浓郁香型的白兰地酒和红葡萄酒。

二十一、马伦戈烩小牛肉（Sautéed veal Marengo）

【原料】（成品4人份）

小牛腩肉600克，橄榄油40毫升，胡萝卜120克，洋葱200克，大蒜20克，干白葡萄酒60毫升，面粉30克，番茄200克，番茄酱40克，香叶1克，百里香1克，法香碎2克，香叶芹2克，布朗牛肉汤1升，蘑菇125克，红葱125克，柠檬汁5毫升，吐司面包80克，黄油40克，煮橄榄形土豆及时令蔬菜、盐和胡椒粉适量。

【设备器具】

吸油纸、不锈钢盆、细孔滤网、平底煎锅、不锈钢少司锅、少司汁盅、盛菜菜盘。

【制作方法】

（1）将小牛腩肉切成大块，撒上盐和胡椒粉调味备用。胡萝卜、洋葱切成块。将香叶、百里香、法香碎、香叶芹制成香料束。

（2）少司锅中加黄油和橄榄油烧热，放入牛肉块煎上色，加入胡萝卜、洋葱块和大蒜碎炒香，倒入干白葡萄酒煮干，加面粉炒变色。

（3）加番茄碎、番茄酱和香料束炒至酱汁发红，倒入布朗牛肉汤煮沸，加盐和胡椒粉调味，加盖后转小火烩约1小时。

（4）将蘑菇和红葱分别放入锅中，加水、盐、黄油煮熟。吐司面包切成心形片，用黄油煎香，粘法香碎备用。

（5）待牛肉软熟后取出，放入煎锅中。将烩肉汁过滤后倒入煎锅内，加蘑菇和红葱同烩入味，成马伦戈少司。

（6）将牛肉、蘑菇和红葱装盘淋汁，淋上少许柠檬汁，撒法香碎，配吐司面包片、橄榄形土豆及时令蔬菜即成。

【技术要点】

（1）选用新鲜番茄去蒂、去皮、去籽切碎。

（2）马伦戈（Marengo）是法式西餐的一个专业术语，特指用番茄、蘑菇烩菜的方式，制作中，注意突出番茄和蘑菇的香味。

【质量标准】

色泽棕红，牛肉软嫩，番茄、蘑菇味浓，咸鲜微酸，开胃不腻。

【酒水搭配】

此款菜肴适宜搭配各种浓郁香型的红葡萄酒。

二十二、红煨牛尾（Braised oxtail）

【原料】（成品 4 人份）

牛尾 1.8 千克，胡萝卜丁 50 克，洋葱 100 克，西芹 50 克，韭葱 50 克，番茄酱 60 克，干红葡萄酒 400 毫升，布朗牛肉基础汤 400 毫升，香料束 1 束，胡萝卜 80 克，西芹根 80 克，白萝卜 80 克，芜菁甘蓝 80 克，色拉油 30 克，盐、胡椒粉适量。

【设备器具】

吸油纸、不锈钢盆、细孔滤网、平底煎锅、不锈钢少司锅、少司汁盅、盛菜菜盘、炖锅。

【制作方法】

（1）将牛尾修整成形，切成 5 厘米的大块，撒盐和胡椒粉调味备用。

（2）将炖锅置于中火上，加色拉油烧热，放入牛尾块煎上色，取出备用。锅中加入胡萝卜丁、洋葱丁、西芹丁、韭葱丁炒香，至棕褐色时加入番茄酱炒匀。

（3）倒入干红葡萄酒，煮至酒汁将干时，放入煎上色的牛尾块，倒入布朗牛肉基础汤煮沸，汤汁淹没牛尾的 2/3。

（4）转小火保持汤汁微沸，撇去浮沫，放入香料束，将炖锅加盖密封后，送入 160℃的烤炉中，慢火煨煮约 2.5 小时。

（5）炖锅中放入胡萝卜块、西芹根块、白萝卜块和芜菁甘蓝块，继续煨煮约 30 分钟，至牛尾软熟，蔬菜熟透后取出。

（6）将少司煮稠后过滤，把牛尾和煨煮的蔬菜及少司一同装盘后上菜即成。

【技术要点】

（1）牛尾要用小火慢煮煨制，以肉质软熟为佳。

（2）牛尾软熟后，再加蔬菜一同煨制，保证成菜口感一致。

【质量标准】

色泽棕红，牛尾软嫩，酱汁浓稠鲜香，味咸鲜浓厚。

【酒水搭配】

此款菜肴适合搭配各种浓郁香型的红葡萄酒。

二十三、纳瓦林时蔬烩小羊肉（Lamb Navarin）

【原料】（成品 4 人份）

小羊肉 700 克，红葱 100 克，胡萝卜 120 克，白萝卜 120 克，西芹 120 克，蘑菇 120 克，土豆 120 克，青豆 50 克，洋葱 80 克，大蒜 5 克，番茄 80 克，番茄酱 30 克，白兰地酒 10 克，干红葡萄酒 50 毫升，布朗羊肉汤 1 升，牛肉烧汁 200 毫升，迷迭香 2 克，香叶 1 克，百里香碎 1 克，法香梗 2 枝，色拉油 50 克，盐 4 克，粗黑胡椒碎 2 克。

【设备器具】

平底煎锅、不锈钢少司锅、炖锅、纱布、棉线、菜盘。

【制作方法】

（1）将小羊肉切成块，撒盐和黑椒碎调味备用；胡萝卜、白萝卜、土豆用小刀削成橄榄形备用。将香叶、百里香、迷迭香、法香梗、粗黑胡椒粒、大蒜碎等用纱布和棉线做成香料袋备用。

（2）煎锅中加色拉油烧热，放入羊肉块煎至上色后取出，放入炖锅内备用。

（3）煎锅中放入洋葱碎炒香，加大蒜碎炒匀，加白兰地酒烧出味，加入番茄酱炒成红色，再加入干红葡萄酒煮干，倒入布朗羊肉汤和牛肉烧汁煮沸。将煮汤倒入装有羊肉的炖锅内，放入香料袋。

（4）用小火烩制约 1 小时，至羊肉入味软熟时，加红葱、胡萝卜、白萝卜、西芹、蘑菇、土豆和青豆烩熟入味。

（5）最后加番茄碎煮出味，取出香料袋，用盐和黑胡椒碎调味，装盘即成。

【技术要点】

（1）选用小羊肉可保证菜肴肉质软嫩的特点。

（2）用小火烩制，羊肉软熟后再加蔬菜一同烩制。

【质量标准】

羊肉软熟、鲜香，酱汁咸鲜适口，带番茄酸香味，风味浓厚。

【酒水搭配】

此款菜肴适宜搭配各种浓郁香型的红葡萄酒。

二十四、白菜酿肉卷（Stuffed cabbage rolls）

【原料】（成品 4 人份）

卷心菜叶 8 张，小牛肉 150 克，猪肩肉 150 克，牛腿肉 150 克，洋葱 120 克，淡奶油 100 毫升，鸡蛋 80 克，面包糠 70 克，肉豆蔻粉 0.2 克，芝士粉 30 克，胡萝卜 30 克，洋葱 40 克，西芹 30 克，韭葱 30 克，香叶 1 片，百里香 1 克，鲜罗勒 1 克，干白葡萄酒 20 毫升，白色牛肉基础汤 1 升，培根 70 克，番茄少司 300 毫升，盐、胡椒粉适量。

【设备器具】

吸油纸、不锈钢盆、细孔滤网、搅碎机、炖锅、不锈钢少司锅、少司汁盅、盛菜菜盘、汤锅。

【制作方法】

（1）汤锅中加盐水煮沸，放入卷心菜叶煮软，取出沥水后浸入冷水中冷透，沥水后用刀剔去叶脉备用。

（2）将小牛肉丁、猪肩肉丁、牛腿肉丁、洋葱丁加盐和胡椒粉拌匀，放入搅碎机中搅成粗的肉碎，加入淡奶油、鸡蛋液搅匀上劲，最后加入面包糠、肉豆蔻粉、芝士粉、盐和胡椒粉调匀成肉馅，冷藏备用。

（3）将卷心菜叶铺于模具内，放入肉馅，用菜叶包卷肉馅制成卷心菜卷备用。

（4）炖锅内放入胡萝卜片、洋葱片、西芹片、韭葱片、香叶、百里香和鲜罗勒垫底，再放上卷心菜卷，倒入热的白色牛肉基础汤，淹没菜卷的 1/2，撒上煎香的培根碎，将锅加盖密封后，送入 160℃的烤炉内煨煮约 30 分钟。

（5）烩制至肉卷软熟后，取出装盘，配番茄少司，趁热上菜即成。

【技术要点】

（1）汆煮卷心菜叶时，应用沸水煮透，去除叶脉后，便于制作成形。

（2）菜卷的肉馅制作时，不宜过细，以肉碎呈粗碎、显现颗粒、口感带有嚼头为佳。

（3）菜卷的少司通常单独制作，也可以使用白汁淋汁后撒芝士焗化以上色增香，其风味更浓。

【质量标准】

蔬菜清鲜，肉馅鲜香，口感细嫩，奶香浓郁。

【酒水搭配】

此款菜肴适合搭配各种浓郁香型的红葡萄酒。

五、胡萝卜焖牛肉卷（Braised beef rolls with carrot）

【原料】（成品 4 人份）

牛肉薄片 4×100 克，洋葱 150 克，蘑菇 50 克，大蒜 20 克，黄油 150 克，猪绞肉 100 克，牛绞肉 100 克，火腿 50 克，香叶 2 片，百里香 2 克，白兰地酒 50 毫升，法香碎 2 克，胡萝卜 400 克，细砂糖 50 克，布朗牛肉汤 1 升，西芹 50 克，干白葡萄酒 100 毫升，番茄酱 50 克，盐、胡椒粉适量。

【设备器具】

少司汁盅、吸油纸、细孔滤网、盛菜菜盘、平底煎锅、不锈钢少司锅。

【制作方法】

（1）将洋葱碎 50 克、蘑菇碎用黄油炒香，加猪绞肉、牛绞肉和火腿粒拌匀，加百里香、法香碎和白兰地酒、盐和胡椒粉调味成肉馅。

（2）将牛肉薄片上撒盐和胡椒粉调味，放上肉馅，做成肉卷后用油煎定型备用。

（3）将胡萝卜碎、西芹碎、剩余的洋葱碎和大蒜碎用油炒香，倒入干白葡萄酒煮干，加番茄酱、布朗牛肉汤和香叶等香料煮沸后成少司酱汁。

（4）将牛肉卷放入酱汁中，用小火慢煮2小时，至牛肉卷软熟入味。

（5）将胡萝卜削成橄榄形，加少许水、黄油和细砂糖煮熟，成糖浆胡萝卜榄备用。

（6）将牛肉卷装盘，淋上少司，配糖浆胡萝卜榄即成。

【技术要点】

（1）肉馅应调拌上劲。做肉卷时，可以用牙签或厨用棉线定型，以保证成形效果。

（2）可以将肉卷放入烤炉内密封煨制，以保证原汁原味的效果。

【质量标准】

肉卷成形美观，口感丰富，味美适口。

【酒水搭配】

此款菜肴适合搭配各种浓郁香型的白葡萄酒和红葡萄酒。

课后拓展与思考

（1）西餐畜肉类原料品质鉴别的标准和方法是什么？

（2）西餐畜肉类原料通常适用于哪种烹调方法，在菜肴制作过程中应用的原则和技巧是什么？

（3）西餐基础汤和基础少司在畜肉类菜肴制作中，如何与原料配合搭配？

（4）如何控制西餐热菜菜肴制作时的火候？

（5）西餐煎、扒、烤等菜肴的成熟度分为哪几类？

（6）请用中英文列出西餐中常见畜肉类菜肴的制作工艺，如配方、制作方法、制作要领和应用范围等。

西式禽类主菜制作与实训

西式禽类主菜制作与实训

项目导读

西餐禽类菜肴以鸡肉类菜肴为主，是健康生活中常被推荐的白肉类食材，禽肉菜肴多以健康、营养为特色，采用煮、烩、炖的方式居多。禽类菜肴大多使用：整鸡、鸡胸肉、鸡腿肉、鸡翅、鸭肉、鸭腿、鸭胸、鹅肝、鸭肝、火鸡、春鸡、鸽子、野鸭等原料进行烹调，搭配西班牙汁、白汁、黄油少司等，配以各种白葡萄酒提升风味。

在本单元的学习中，因为各种禽类原料食材的性能、质地、产地、特点、形态和风味各不相同，所以菜肴在成菜后的色、香、味、形、质等诸多要素方面的要求也各不相同，其适应的烹制方法，加热手段，制熟工艺等都各有特色，需要根据食材的特点，和不同国家或地区的菜肴风格和风土人情，去合理地运用和烹任，才能更好地呈现出不同禽类菜肴的风味特点。

理论学习目标

（1）了解并学习西餐中禽类原料食材的种类和特点。

（2）学习并掌握西餐经典禽类菜肴的原料配方、制作工艺、成菜标准及应用变化。

（3）掌握西餐菜肴品质鉴别的标准和方法。

（4）掌握西餐中常见禽类菜肴的装盘和装饰技法，能够按照标准化程序，独立进行各式禽类菜肴品种的规范操作、熟练运用与变化。

实践应用目标

（1）掌握现代西餐禽类菜肴的变化与应用，以多角度的形式呈现西式禽类菜肴的特色。

（2）熟练掌握现代烹饪设备的应用方法，遵守食品安全的规范与标准，学习实训单品加工与批量生产的技术操作要领。

（3）在西式禽类主菜制作项目学习中，积极了解该行业发展动向，加强基础学科知识学习，着力提高烹饪科学素养的培养，注重在创新精神与实践能力方面的锻炼，以进一步提高产教融合、科教融合的力度和深度。

知识准备

西餐常见各类禽类食材原料的名称、类型、特点、风味和外文名称，以及常见基本西餐烹调技法的英文方式，以及 HACCP 食品安全管理体系知识。

德育修养

通过各种西式禽类菜肴的实训学习，引导学生践行社会主义核心价值观，在教学过程中，围绕“爱国、敬业、诚信、勤俭”的核心思想，在本单元的菜肴实训教学中，培养学生崇高的品德和深厚的爱国情怀，西餐禽类原料品级高，价格比较贵，加工中注意以良好的职业态度和诚实守信的作风进行加工制作，为更好地把优秀的我国食材运用到菜品中，发扬创新和探索精神；同时秉承勤俭节约精神，物尽其用不浪费，把加工的边角余料充分利用，制成菜肴或者汤汁调味，呈现良好的职业道德和精神风貌。始终如一地保持良好的职业素养，严格卫生安全意识，保证舌尖上的安全，维护绿色饮食的营养和健康。

➔ 学习目标

通过本项目内容的学习和实训，了解并学习西餐中常用禽类原料的种类，熟悉禽类原料的性质、选料要求，学习并掌握禽类原料的烹调技法、菜肴成品的品质鉴定和装盘手法，能独立制作与创新各式禽类菜肴。

一、地中海风味香草扒鸡（Mediterranean-style grilled chicken with herbs）

【原料】（成品 4 人份）

鸡腿 1000 克，粗黑胡椒碎 40 克，百里香 4 克，迷迭香 4 克，阿里根奴香草 3 克，白葡萄酒 100 毫升，黄油 50 克，烧汁 400 毫升，橄榄油 200 毫升，西葫瓜 120 克，茄子 120 克，青椒 100 克，红椒 100 克，盐、胡椒粉适量。

【设备器具】

不锈钢方盘、盛菜菜盘、不锈钢少司锅等。

【制作方法】

（1）将鸡腿去骨后拍平整，撒盐、粗黑胡椒碎、百里香、迷迭香、阿里根奴香草和白葡萄酒腌制备用。

（2）西葫瓜、茄子、青椒、红椒等蔬菜洗净后切片，撒少许阿里根奴香草、盐和胡椒粉、橄榄油调味备用。

（3）制作配菜。条形坑扒炉预热 200℃，将蔬菜扒出花纹，成熟后保温。

（4）扒鸡腿。将鸡腿两面扒出纹理后，入 200℃的烤炉中烤至全熟，然后将鸡肉切成粗条。烤鸡原汁加烧汁煮稠，加黄油搅化，保留备用。

（5）装盘。一个热的菜盘，堆放蔬菜，再放上切好的鸡腿，配烤鸡原汁即可。

【质量标准】

色泽金黄，皮脆，肉质鲜嫩，味浓鲜香。

【技术要点】

煎鸡腿时注意掌握火候，先大火高温煎制，再用小火，可选用烤炉。

猎户扒鸡制作

【酒水搭配】

此款菜肴适合搭配味道浓郁的红葡萄酒。

二、沙嗲鸡肉串（Chicken satay）

【原料】（成品 4 人份）

鸡胸肉 800 克，无盐花生 125 克，红葱碎 30 克，大蒜 20 克，咖喱粉 4 克，孜然粉 4 克，香菜碎 8 克，蜂蜜 5 克，青柠檬 2 个，香油 10 毫升，酱油 20 毫升，水 260 毫升，沙嗲酱、盐和胡椒粉适量。

【设备器具】

不锈钢盆、搅碎机、盛菜菜盘、不锈钢少司锅、竹签、烤架。

【制作方法】

（1）穿肉串。鸡胸肉切小块，穿成 20 串。备用。

（2）制作沙嗲酱。搅碎机中放花生、红葱、大蒜、咖喱粉、孜然粉、香菜、蜂蜜、水、酱油，将其搅匀；倒入不锈钢少司锅中小火熬制 3～8 分钟变浓稠，备用。

（3）将青柠檬汁、香油、盐、胡椒粉、酱油在盆中拌匀，并将其刷在鸡肉串上腌制 30 分钟。

（4）煎肉串。扒炉预热 200℃，将肉串在扒炉上烹调至成熟，烹调过程中要重复刷腌制料。

（5）装盘。取一热的菜盘，放入肉串，配沙嗲酱即可。

【质量标准】

色泽金黄，肉质鲜嫩，味浓鲜香。

【技术要点】

（1）鸡肉切块时要大小均匀，这样煎或烤的成熟度才会均匀。

（2）鸡肉需要腌制 30 分钟才宜入味。

（3）煎鸡腿时注意掌握火候，先大火高温煎制，再用小火，可选用烤架或烤炉。

【酒水搭配】

此款菜肴适合搭配风味淡雅的红葡萄酒。

三、意大利酿鸡胸（Italian-style stuffed chicken breast）

【原料】（成品 4 人份）

带骨鸡胸 800 克，烧汁 500 毫升，红葱 70 克，香叶 2 片，白葡萄酒 100 毫升，牛肝菌 60 克，黄油 100 克，面粉 50 克，橄榄油 30 毫升，西蓝花 150 克，培根 80 克，芝士 60 克，土豆 200 克，法香碎、盐和胡椒粉适量。

【设备器具】

不锈钢盆、搅碎机、盛菜菜盘、蛋抽、不锈钢少司锅、平底煎锅。

【制作方法】

（1）带骨鸡胸修去多余的脂肪，然后将形状修整齐，剖开备用。

（2）做馅料。西蓝花切小块，焯水，培根切小块。将培根、西蓝花炒香，搅入芝士拌匀调味。

（3）酿鸡胸。将备好的馅料酿入鸡胸中，表面撒盐和胡椒粉调味备用。

（4）做黄油面酱。黄油放入烧热的平底锅中，加入面粉、香叶，小火炒成浅褐色，面粉翻沙时起锅倒入盆中。

（5）土豆削成橄榄形，入淡盐水中煮熟，凉凉备用。

（6）制作牛肝菌汁。不锈钢少司锅洗净烧热，加入橄榄油烧热化。加入红葱碎炒香，加入白葡萄酒烧出酒味，加牛肝菌略炒，倒入烧汁煮出味，加入黄油面酱，用蛋抽将面酱搅匀，用盐和胡椒粉调味。

（7）煎鸡胸。将鸡胸煎熟即可。

（8）烹制配菜。平底锅烧热加入黄油，放入煮熟的橄榄形土豆，撒上法香碎、盐和胡椒粉，拌匀即可。

（9）装盘。取一个热的菜盘，放上橄榄形土豆、鸡胸，淋上牛肝菌汁即可。

【质量标准】

色泽金黄，鸡肉鲜嫩，少司口味鲜香，风味独特。

【技术要点】

（1）鸡胸剖开时注意不要将鸡胸弄破；酿馅料时不要加过多的馅料，以免煎鸡胸时爆裂。

（2）煎鸡胸时注意火候，避免煎焦煳，确保鸡胸全熟。

【酒水搭配】

此款菜肴适合搭配味道浓郁的红葡萄酒。

四、意大利五彩炒鸡肉球（Italian-style chicken ball with bell peppers and black olives）

【原料】（成品 4 人份）

鸡胸肉蓉 600 克，吐司面包 2 片，牛奶 100 毫升，帕尔玛芝士 40 克，黑胡椒碎 4 克，鸡蛋 60 克，法香碎 4 克，面粉 50 克，大蒜 20 克，洋葱 100 克，番茄膏 30 克，比萨香草 0.2 克，鸡汤 500 毫升，红灯笼椒 150 克，胡瓜 150 克，大番茄 60 克，小番茄 50 克，黑橄榄 50 克，鲜罗勒 3 片，橄榄油 50 毫升，盐、胡椒粉适量。

【设备器具】

不锈钢盆、搅碎机、盛菜菜盘、不锈钢少司锅、煎锅。

【制作方法】

（1）小番茄切成两瓣，其余蔬菜切成小方块。吐司面包用牛奶泡软；大番茄表皮划十字花刀，然后再沸水烫 30 秒钟，再放入冷水中使其冷却，去掉番茄外皮，然后切开番茄除去番茄籽，最后将番茄切成番茄碎，备用。

（2）制作鸡肉球。将鸡胸肉蓉、面包碎、帕尔玛芝士碎、鸡蛋、法香碎、少许盐放入盆中搅匀，搓成球备用。

（3）制作番茄少司。煎锅中烧热橄榄油，炒蒜碎、洋葱碎，加入番茄碎，继续炒，再加入番茄膏炒 5～8 分钟，炒至番茄汁微沸，颜色暗红，酸味减少，这时再加入比萨香草与鸡汤熬煮 40 分钟，用盐和胡椒粉调味即可。

（4）将鸡肉球裹面粉在锅中煎成金黄色，加入炒香的时蔬拌匀，用番茄少司调味，再炒 4 分钟，如果菜品太干，加少许肉汤。

（5）成菜。盛入热盘中，表面撒鲜罗勒即成。

【质量标准】

色泽鲜艳，鸡肉肉质鲜嫩，味浓鲜香。

【技术要点】

（1）应选择颜色丰富的蔬菜。

（2）制作鸡肉球时鸡肉应搅匀上劲，否则炒制过程中容易开裂。

（3）制作肉球时，可增加猪肥肉，可使鸡肉球口感更嫩。

【酒水搭配】

此款菜肴适合搭配味道浓郁的红葡萄酒。

五、鸡肉卷配红酒汁（Chicken rolls with red wine sauce）

【原料】（成品 4 人份）

整鸡 1500 克，紫苏 2 克，阿里根奴 2 克，土豆 500 克，黄油 100 克，淡奶油 100 毫升，西蓝花 200 克，胡萝卜 200 克，洋葱 50 克，西班牙少司 500 毫升，大蒜 100 克，黄油 60 克，淡奶油 150 毫升，红葡萄酒 80 毫升，香叶、百里香、迷迭香、盐和胡椒粉适量。

【设备器具】

不锈钢方盘、盛菜菜盘、平底煎锅、不锈钢少司锅、菜夹、锥形滤网、棉线、蛋抽、搅碎机。

【制作方法】

（1）主料处理。鸡肉整只去骨，然后将 2/3 的鸡肉切成薄片，余下的鸡肉剁成肉馅备用。

（2）肉馅加盐和胡椒粉及百里香、迷迭香调味并拌匀。

（3）加工配菜。土豆去皮切成块，入淡盐水中烧沸，小火煮熟，捞出后磨成土豆泥。加入黄油、淡奶油、盐和胡椒粉，用蛋抽搅匀成法式土豆泥；西蓝花、胡萝卜条入淡盐水焯熟，撒上盐和胡椒粉备用。

（4）卷制鸡肉卷。将去骨的鸡肉薄片摊平，撒盐和胡椒粉，加肉馅，上面再放西蓝花、胡萝卜，然后卷起来。用线捆绑。

（5）煎鸡肉卷。平底煎锅加黄油烧热，放入鸡肉卷，煎成棕褐色后入烤炉烤熟。

（6）制作蒜香奶油少司：平底煎锅倒掉多余的油，加入洋葱碎、红葡萄酒煮干后加入西班牙少司和淡奶油，加入大蒜蓉、百里香、迷迭香烧沸后过滤成蒜香奶油少司。

（7）装盘。取一个热的菜盘，放上切片的鸡肉卷、土豆泥、西蓝花、胡萝卜等配菜，淋上蒜香奶油汁即可。

【质量标准】

色形美观，肉卷细嫩，酱汁味浓，风味独特。

【技术要点】

采用整鸡去骨的方法来制作肉卷，去骨时应该保持鸡皮表面完整不破损；也可采用将鸡肉搅打成肉泥的方法来制作。

【酒水搭配】

此款菜肴适合搭配味道浓郁的红葡萄酒。

六、西班牙藏红花焖鸡饭（Spanish-style rice with chicken and saffron）

【原料】（成品 4 人份）

净鸡肉 600 克，红葱 30 克，大蒜 10 克，长粒大米 500 克，青椒 50 克，红椒 50 克，去皮番茄 60 克，藏红花 2 克，鸡汤 1000 毫升，法香 4 克，青豆 30 克，橄榄油 80 毫升，盐、胡椒粉适量。

【设备器具】

不锈钢盆、盛菜菜盘、平底煎锅、不锈钢少司锅。

【制作方法】

（1）主料处理。鸡切成块（30 克/块），然后用油煎上色备用。

（2）加工辅料。大米洗净、藏红花泡鸡汤备用，青豆煮熟。

（3）锅中加橄榄油烧热，炒香红葱碎、大蒜碎，然后加大米与青红椒丁充分搅拌，再加入番茄粒与藏红花鸡汤煮沸，用盐和胡椒粉调味，放入鸡块，将锅加盖，送入 160～170℃的烤炉中直到米熟透。

（4）装盘。取一个热的菜盘，盛入米饭，撒法香碎、掺入青豆即可。

【质量标准】

色泽黄亮，肉质鲜嫩，味浓鲜香。

【技术要点】

焖米饭时注意鸡汤的用量，切记不要使米饭焦煳，以免影响风味。

【酒水搭配】

此款菜肴适合搭配味道浓郁的红葡萄酒。

七、蓝带炸鸡（Chicken cordon Bleu）

【原料】（成品 4 人份）

鸡胸 800 克，鸡蛋 200 克，面粉 40 克，面包糠 200 克，火腿 80 克，芝士片 60 克，西班牙少司 500 毫升，洋葱 40 克，红葡萄酒 150 毫升，黄油 80 克，色拉油 50 毫升，土豆 700 克，黄油 120 克，淡奶油 100 毫升，法香碎 20 克，盐、胡椒粉适量。

【设备器具】

不锈钢盆、盛菜菜盘、不锈钢少司锅。

【制作方法】

（1）鸡胸整理。将鸡胸改成连刀片，备用。

（2）制作土豆泥。土豆去皮切成块，入淡盐水中煮沸，转小火煮过心，捞出后磨成土豆泥。加入黄油、淡奶油、盐和胡椒粉，用蛋抽搅匀即成法式土豆泥。

（3）鸡蛋打散，准备好面粉、面包糠。

（4）卷鸡胸。将片好的鸡胸摊开，撒盐和胡椒粉调味，上面依次放火腿片、芝士片，然后将其卷起呈梭子形，再分别粘面粉、蛋液和面包糠，压紧，并抖去多余的面包糠。

（5）炸鸡。炸炉预热150℃，将鸡胸炸熟即可。

（6）调制少司。平底煎锅控去多余的色拉油，放入洋葱碎炒香，倒入红葡萄酒，在汁液将干时，加入西班牙少司，小火煮稠。离火慢慢加入黄油，边加边用蛋抽搅打使之融合，再将汁过滤。用盐和胡椒粉调味即成。

（7）装盘。取一个热的菜盘，放入鸡胸肉，淋上少司，撒上法香碎，配上土豆泥即可。

【质量标准】

色泽金黄，外脆内嫩，味浓鲜香。

【技术要点】

炸鸡胸的油温宜低，150℃；也可在锅中煎熟。

【酒水搭配】

此款菜肴适合搭配味道浓郁的红葡萄酒。

八、炸手指鸡柳（Deep-fried chicken fingers）

【原料】（成品4人份）

鸡胸600克，薯条600克，面粉50克，鸡蛋3个取蛋液，面包糠200克，柠檬1个，蛋黄酱250克，熟鸡蛋70克，酸黄瓜50克，法香碎20克，洋葱碎20克，盐、胡椒粉适量。

【设备器具】

不锈钢盆、盛菜菜篮、纸垫、不锈钢少司锅。

【制作方法】

（1）刀工处理。鸡胸切成15厘米×0.5厘米×0.5厘米的条，撒盐、胡椒粉调味。

（2）柠檬切角。熟鸡蛋切碎。酸黄瓜切碎。

（3）调制少司。将蛋黄酱、熟鸡蛋碎、法香碎、洋葱碎、柠檬汁、盐和胡椒粉拌匀调味即成塔塔少司（Tartar sauce）。

（4）炸鸡柳。将鸡柳依次粘面粉、蛋液和面包糠，然后入160℃的油炸炉中炸熟。

（5）炸薯条。将薯条在炸炉中炸熟，然后撒少许盐调味。

（6）装盘。竹篮内垫纸垫，放入炸好的鸡柳与薯条即成。

【质量标准】

色泽金黄，外酥内嫩，味浓鲜香。

【技术要点】

注意控制油温，140～170℃为宜。

【酒水搭配】

此款菜肴适合搭配味道浓郁的红葡萄酒。

九、泰式青咖喱烩鸡（Thai-style green curry chicken）

【原料】（成品 4 人份）

鸡腿 800 克，洋葱 80 克，青辣椒 80 克，红辣椒 80 克，香茅 10 克，青咖喱酱 60 克，姜 5 克，鸡汤 1000 克，椰浆 40 克，土豆 120 克，香菇 80 克，淀粉 20 克，色拉油 50 毫升，青柠檬 50 克，泰国米饭 200 克，盐、胡椒粉适量。

【设备器具】

不锈钢盆、盛菜菜盘、不锈钢少司锅。

【制作方法】

（1）鸡腿去骨切块，撒盐和胡椒粉调味，蘸少许淀粉备用。

（2）土豆切块炸熟，香菇切块，洋葱切块，青辣椒，红辣椒分别切节，香菜切节。

（3）制青咖喱汁。锅洗净烧热，加入色拉油烧热，加入洋葱、青辣椒、红辣椒、香茅、青咖喱酱、姜，炒香后加鸡汤熬制成咖喱汁。

（4）将鸡腿嫩煎，加入咖喱汁中烩制，成熟时加入椰浆、炸好的土豆与蔬菜，再烩至蔬菜成熟，用淀粉调剂稠度。

（5）装盘。取一个热的菜盘，盛入鸡肉，配青柠檬、泰国米饭即可。

【质量标准】

鸡肉细嫩，酸辣刺激，口感浓郁，口味丰富。

【技术要点】

（1）注意青咖喱在烩制时容易变颜色，烩制时间不宜过长，可以加入少许绿色素。

（2）咖喱含有盐分，注意调味时盐的用量。

（3）制作少司时要控制适宜的浓稠度。

咖喱鸡配米饭制作

【酒水搭配】

此款菜肴适合搭配风味浓郁的红葡萄酒。

十、红酒焖仔鸡（Braised chicken with red wine）

【原料】（成品 4 人份）

仔鸡 1000 克，洋葱碎 80 克，色拉油 50 毫升，小洋葱 60 克，培根 120 克，小块蘑菇 100 克，红葡萄酒 500 毫升，鸡布朗基础汤 1200 毫升，百里香 2 克，香叶 1 片，大蒜碎 10 克，盐、胡椒粉适量。

【设备器具】

不锈钢盆、盛菜菜盘、不锈钢少司锅。

【制作方法】

（1）主料处理。将仔鸡整理、洗净后切成 8 块。

（2）配菜处理。培根切块焯水备用。

（3）鸡肉煎上色备用。

（4）制作配菜。将小洋葱、培根、蘑菇炒香调味后保温备用。

（5）焖鸡。锅中加红葡萄酒略收汁，加入鸡布朗基础汤煮沸，加入鸡肉块、百里香、香叶、大蒜，然后加盖放在小火上焖 30～40 分钟。

（6）装盘。取一个热的汤盘，将鸡块从锅中取出，用培根、小洋葱、蘑菇装饰即可。

（7）焖鸡汁浓缩，加盐和胡椒粉调味制成少司，淋在盘中。

【质量标准】

鸡肉细嫩，口感浓郁，略有红酒味。

【技术要点】

（1）仔鸡肉质细嫩，注意烩制时间不宜过长。

（2）鸡肉宜可在烹调前用红葡萄酒腌制 40 分钟。

【酒水搭配】

此款菜肴适合搭配风味浓郁的红葡萄酒。

十一、比利时啤酒烩鸡（Belgian-style chicken in beer sauce）

【原料】（成品 4 人份）

鸡肉 1000 克，洋葱 200 克，西芹 100 克，蘑菇 500 克，红葱 50 克，法香碎 10 克，土豆 160 克，百里香 1 克，香叶 1 克，啤酒 250 毫升，金酒 40 毫升，烧汁 400 毫升，盐、胡椒粉适量。

【设备器具】

不锈钢盆、盛菜菜盘、不锈钢少司锅。

【制作方法】

（1）主料加工。鸡肉切大块，用洋葱块 30 克、西芹块 30 克腌制 30 分钟。

（2）配菜处理。红葱 30 克切碎。蘑菇切块。

（3）其他蔬菜处理。剩下的洋葱、西芹等料切成丁，土豆切角。

（4）烩鸡肉。平底锅放油烧热后，放入鸡肉，将表面煎制呈棕褐色后，加红葱碎炒香，烹入金酒点燃，加啤酒略收汁，最后加烧汁煮沸，调味。

（5）少司制作。鸡肉熟软后取出，将蘑菇块、洋葱丁、西芹丁加入汁中烩制成熟后，加法香碎、盐和胡椒粉调味即可。

（6）配菜制作。将土豆角炸熟后撒盐调味。

(7) 装盘。取一个热的菜盘，鸡肉装盘，淋少司，配土豆角即成。

【质量标准】

鸡肉细嫩鲜香，啤酒味浓郁，适口不腻。

【技术要点】

(1) 金酒可以增加菜肴味感觉的丰厚度，如果没有金酒也可用白兰地酒代替。

(2) 烩鸡肉时宜用小火，煮出啤酒的微苦味。

【酒水搭配】

此款菜肴适合搭配风味浓郁的红葡萄酒。

十二、香草烤鸡翅（Roast chicken wings with herbs）

【原料】（成品 4 人份）

鸡翅 1200 克，百里香 4 克，鲜罗勒 4 克，阿里根奴香草 4 克，芹菜籽 4 克，洋葱粉 20 克，大蒜粉 30 克，黑胡椒碎 25 克，红辣椒粉 50 克，芥末粉 8 克，甜红椒粉 20 克，色拉油 500 毫升，时鲜蔬菜、盐和胡椒粉适量。

【设备器具】

不锈钢盆、盛菜菜盘、烤盘、不锈钢少司锅。

【制作方法】

(1) 将百里香、鲜罗勒、阿里根奴香草、芹菜籽、洋葱粉、大蒜粉、黑胡椒碎、红辣椒粉、芥末粉、甜红椒粉、色拉油、盐和胡椒粉在盆中混合均匀，制作成腌制料备用。

(2) 将鸡翅加入腌制料，拌匀，腌制 6 小时。

(3) 将时鲜蔬菜洗净改成块或条，入淡盐水中焯熟备用。

(4) 将鸡翅取出，入 200℃烤炉烤制成熟即可。

(5) 装盘。取一个热的菜盘，放入时鲜蔬菜，将鸡翅排放即成。

【质量标准】

色泽红亮，皮脆，肉质鲜嫩，味浓鲜香。

【技术要点】

腌制时间要足，否则不宜入味，影响菜肴品质。

【酒水搭配】

此款菜肴适合搭配味道浓郁的红葡萄酒。

十三、原汁烤鸡（Roast chicken with gravy）

【原料】（成品 4 人份）

鸡 1300 克，胡萝卜 80 克，洋葱 100 克，西芹 50 克，百里香 2 克，阿里根奴香草 4 克，鸡肉原汤 1000 毫升，黄油面酱 150 克，法香碎、盐和胡椒粉适量。

【设备器具】

不锈钢盆、盛菜菜盘、不锈钢少司锅。

【制作方法】

（1）主料处理。鸡洗净后去头、内脏、鸡翅。

（2）加工配菜。胡萝卜、洋葱、西芹等蔬菜切成小块，撒盐和胡椒粉，加百里香、阿里根奴香草腌制。

（3）腌制鸡肉。将腌制好的蔬菜丁放入烤盘中，鸡放在最上面，鸡腹部酿入蔬菜丁，然后将鸡捆绑，腌制8小时。

（4）烤鸡。将鸡连烤盘一起入160～200℃的烤炉中烤熟。烤制过程中不时翻面，边烤边淋油。烤鸡的油汁保留备用。

（5）制作少司。黄油面酱加热后倒入鸡肉原汤与烤鸡的油汁，小火上浓缩，收稠后用盐和胡椒粉调味。

（6）装盘。取一个热的菜盘，将鸡改刀后装盘，配上少司即可。

香草烤鸡

【质量标准】

鸡皮色泽金黄，皮脆，甘香油润，肉质鲜嫩，味浓鲜香。

【技术要点】

（1）烤鸡过程中需要每隔大约10分钟取出并刷油，使得皮面润泽、美观。

（2）配菜可选用法式传统配菜：炒蘑菇，炒培根与油煎黄油橄榄形土豆。

【酒水搭配】

此款菜肴适合搭配味道浓郁的红葡萄酒。

十四、苏格兰烤酿鸡腿（Scottish-style baked stuffed chicken legs）

【原料】（成品4人份）

鸡腿800克，洋葱60克，鸡肝60克，鸡心50克，鸡肾5克，面包糠50克，黑胡椒碎4克，阿里根奴香草1克，鼠尾草2克，威士忌200毫升，鸡蛋100克，大蒜5克，烧汁500毫升，百里香1克，香叶1片，黄油面酱10克，土豆500克，法香碎4克，色拉油、盐和胡椒粉适量。

【设备器具】

不锈钢盆、盛菜菜盘、煎锅、不锈钢少司锅。

【制作方法】

（1）主料加工。鸡腿去骨，用刀将鸡腿片成薄片，多余的肉切碎备用。

（2）土豆加工。土豆去皮，削成圆筒形，再将土豆切成片，用冷水浸泡后沥干水分。

（3）将鸡肝、鸡心、鸡肾切碎备用。

（4）馅料制作。色拉油烧热炒洋葱碎、鸡肉碎、鸡肝、鸡心、鸡肾，加入面包糠炒匀，用黑胡椒碎、阿里根奴香草、鼠尾草、威士忌和鸡蛋液调匀，最后加盐和胡椒粉调

味，冷却备用。

（5）酿鸡腿。将去骨的鸡腿摊开，撒盐和胡椒粉调味，酿入馅料，捆绑。

（6）鸡腿用 180℃的油温煎上色后入 200℃的烤炉中烤熟即可。

（7）煎土豆片。锅中加入色拉油，烧热后放入土豆片，煎成金黄色后倒掉多余的油，再加入黄油，撒上盐和胡椒粉、法香碎拌匀炒香即可。

（8）熬汁。将大蒜、洋葱炒香后烹入威士忌点燃，再加入烧汁、百里香、香叶浓缩，用少许黄油面酱将汤汁增稠，调味后成少司。

（9）装盘。取一个热的菜盘，将鸡腿切片摆于盘中间，周围淋上少司。配上煎土豆片即可。

【质量标准】

色泽金黄，皮脆，肉质鲜嫩，味浓鲜香。

【技术要点】

煎鸡腿时注意掌握火候，先大火高温煎制，再用小火煮熟。

【酒水搭配】

此款菜肴适合搭配味道浓郁的红葡萄酒。

十五、法式腌烤春鸡（French-style roast spring chicken）

【原料】（成品 4 人份）

春鸡 1200 克，橄榄油 30 毫升，香叶 2 片，百里香 2 克，鼠尾草 1 克，柠檬片 4 片，大蒜 20 克，黑胡椒碎 5 克，辣椒粉 8 克，迷迭香 2 克，甜红椒酱适量，薯角 240 克，什锦生菜 80 克，盐、胡椒粉适量。

【设备器具】

不锈钢盆、盛菜菜盘、滤网、不锈钢少司锅。

【制作方法】

（1）主料处理。春鸡去骨后从中间切成 2 片。

（2）腌鸡肉。将鸡肉与橄榄油、香叶、百里香、鼠尾草、柠檬片、大蒜、黑胡椒碎、辣椒粉、迷迭香等腌料一起放入盆中混合后，入冷藏室腌制 8 小时。

（3）烤鸡。将鸡肉皮向下用条形坑扒炉煎上色并烤熟。

（4）炸薯角。薯角用 180℃的油温炸熟。

（5）装盘。取一个热的菜盘，堆放薯角和什锦生菜，再放入春鸡，淋甜红辣椒酱即可。

【质量标准】

色泽金黄，皮脆，肉质鲜嫩，味浓鲜香。

【技术要点】

烤鸡时注意烤炉温度，先低温烤熟，然后高温烤上金黄色。

【酒水搭配】

此款菜肴适合搭配味道浓郁的红葡萄酒。

课后拓展与思考

（1）西餐中常用禽类品质鉴别的标准和方法是什么？

（2）西餐中常用禽类的烹调方法有哪些？如何运用？

（3）西餐禽类菜肴的种类有哪些？各有什么特色？

（4）请用中英文列出西餐中常见禽类菜肴的制作工艺，如配方、制作方法、制作要领和应用范围等。

西式配菜制作与实训

西式配菜制作与实训

项目导读

西方人主菜一般以整块的肉类为主料，搭配一定的蔬菜作为配菜。比如习惯搭配土豆、胡萝卜、一款绿色蔬菜等。但是也有部分人喜爱素食，尤其当今许多人认识到素食对营养、健康、环保、绿色有益，素食人群正逐步增加。蔬菜类配菜的食材中，特色蔬菜的根、茎、果蔬都可以利用。特别是近几年西餐逐步演化、融合入蔬菜少司，对于西餐风味的影响更突出。

蔬菜类配菜菜肴大多使用：西兰花、荷兰豆、青豆、四季豆、菠菜、茄子、土豆、番茄、节瓜、芦笋、朝鲜蓟、各种蘑菇、块菌、洋葱、南瓜、花菜、胡萝卜、欧防风、秋葵、百合、玉米等，搭配传统的荷兰汁、奶油汁、奶酪少司以及当下流行的各种彩色蔬菜少司，搭配各色白葡萄气泡酒、香槟酒提升风味。

在本单元的学习中，因为各种蔬菜类配菜原料食材的性能、质地、产地、特点、形态和风味各不相同，所以菜肴在成菜后的色、香、味、形、质等诸多要素方面的要求也各不相同，其适应的烹制方法，加热手段，制熟工艺等都各有特色，需要根据食材的特点，和不同国家或地区的菜肴风格和风土人情，去合理地运用和烹饪，才能更好地呈现出不同蔬菜类配菜菜肴的风味特点。

理论学习目标

（1）了解并学习西餐中蔬菜类配菜原料食材的种类和特点。

（2）学习并掌握西餐经典蔬菜类配菜菜肴的原料配方、制作工艺、成菜标准及应用变化。

（3）掌握西餐菜肴品质鉴别的标准和方法。

（4）掌握西餐中常见蔬菜类配菜菜肴的装盘和装饰技法，能够按照标准化程序，独立进行各式蔬菜类配菜菜肴品种的规范操作、熟练运用与变化。

实践应用目标

（1）掌握现代西餐蔬菜类配菜菜肴的变化与应用，以多角度的形式呈现西式蔬菜类配菜菜肴的特色。

（2）熟练掌握现代烹饪设备的应用方法，遵守食品安全的规范与标准，学习实训单品加工与批量生产的技术操作要领。

（3）在西式配菜制作项目学习中，积极了解该行业发展动向，加强物尽其用、勤俭节约、团结合作、合理应用等中华民族勤劳团结优良传统美德的培养，以把自己锻炼成为有理想、敢担当、能吃苦、肯奋斗，具备团结奋斗精神的时代新人。

知识准备

西餐常见各类蔬菜类配菜食材原料的名称、类型、特点、风味和外文名称，以及常见基本西餐烹调技法的英文方式，以及 HACCP 食品安全管理体系知识。

德育修养

通过各种西式蔬菜类配菜菜肴的实训学习，引导学生践行社会主义核心价值观，在教学过程中，围绕“爱国、敬业、诚信、勤俭”的核心思想，在本单元的菜肴实训教学中，培养学生崇高的品德和深厚的爱国情怀，西餐禽类原料品种丰富，加工中注意以良好的职业态度和诚实守信的作风进行加工制作，为更好地把优秀的我国食材运用到菜品中，发扬创新和探索精神；同时秉承勤俭节约精神，物尽其用不浪费，把加工的边角余料充分利用，制成菜肴或者汤汁调味，呈现良好的职业道德和精神风貌。始终如一地保持良好的职业素养，严格卫生安全意识，保证舌尖上的安全，维护绿色饮食的营养和健康。

学习目标

了解并学习西餐中常见配菜的种类、特点和制作原则。

学习并掌握西式配菜的原料配方、制作工艺、成菜标准及应用变化；西餐菜肴品质鉴别的标准和方法；能够按照标准化程序，独立制作和创新各式西式配菜。

一、西式配菜概述

配菜在西式菜肴烹调中并不是可有可无的，而是烹调过程中的一道重要工序，是西式菜肴中不可缺少的组成部分。

西式菜肴中的配菜，主要是用蔬菜、大米、面食等植物性原料制作的。这些配菜不但可以和主料组成一道完整的菜肴，而且某些配菜如鲜蘑菇、芦笋、洋百合、西蓝花及面条等，还可以作为小盘菜单独使用。

（一）西式配菜的概念

通常，西式菜肴是在主要菜肴烹制完成后，再在盘子的边上或用另一个盘配上一定比例的蔬菜或是米饭、面食类等，从而组成一份完整的菜肴。这种与主料相搭配的菜品就叫配菜。

（二）西式配菜的种类

西式配菜分为以下三类：

(1) 以土豆和两种不同颜色的蔬菜为一组作为配菜，如炸土豆条、煮碗豆可作为一组配菜，烤土豆、炒菠菜、黄油菜花也可以作为一组配菜。这样的组成形式是很常见的，大部分煎、炸、烤的肉类菜肴都采用这种配菜方式。

(2) 以一种土豆制品单独作为配菜，此种形式的配菜大多根据菜肴的风味特点搭配使用。

(3) 以少量米饭或面食单独作为配菜。各种米饭大多用于带汁的菜肴，各种面食大多用于配意大利式菜肴。

（三）西式配菜的作用

1. 增加颜色，美化造型

配菜大多数是用不同颜色的蔬菜制作的，不但要求加工精细，而且还要加工成一定的形状，如条形、球形、块形或橄榄形等，以增加菜肴的色彩，美化菜肴的整体形态。

2. 营养搭配合理，促进人体酸碱平衡

西式菜肴的主要原料大多选用动物性原料，而配菜一般选用植物性原料，这样可以使每份菜肴既有丰富的蛋白、脂肪，又含有多种维生素、无机盐等，从而使菜肴的营养搭配更为合理。

3. 增加菜肴的色、香、味、形、质，使菜肴富有风味特点

配菜的品种很多，什么菜肴用什么配菜，虽有较大的随意性，但也仍有一定规律可循。一般水产类主菜配煮土豆或土豆泥；烤、铁扒的肉类主菜多配炸土豆条、烤土豆等；煎炸类主菜多配时令蔬菜；汤汁较多的主菜多配米饭；意式主菜多配面条；德式主菜则配酸菜。所以配菜可以使菜肴既能在风格上统一，又富于风味特点。

（四）西式配菜的应用原则

（1）质地搭配，注重分类。
（2）形状搭配，讲究协调。
（3）颜色搭配，一般三种。
（4）数量搭配，分清主次。
（5）味道搭配，突出主味。
（6）装盘搭配，注重视觉。

二、西式配菜的制作

（一）烤土豆配酸奶油和香葱（Baked potatoes with sour cream and chives）

【原料】（成品 4 人份）

土豆 1.7 千克，酸奶油 1 升，香葱 5 克，塔巴斯科辣椒酱 1 克，烟熏培根 22 克，黄油 20 克，盐、胡椒粉适量。

【设备器具】

配菜盘、不锈钢盘。

【制作方法】

（1）将土豆清洗干净，用锡纸包住。

（2）将土豆在 200℃烤炉中烘烤直到柔软；用刀在中心划个切口，将它们打开。

（3）将酸奶油、塔巴斯科辣椒酱、培根碎和香葱放在土豆上面。

【技术要点】

注重味道的调制、土豆烘烤的时间。

【质量标准】

菜肴味道要略带酸味，土豆要柔软。

（二）煮土豆（Boiled potatoes with butter）

【原料】（成品 4 人份）

土豆 1.4 千克，盐 10 克，澄清黄油 30 克，法香 2 克。

【设备器具】

汤锅。

【制作方法】

（1）将土豆去皮，削成椭圆形（3 厘米×5 厘米）。

（2）沸水中放入盐，煮熟土豆。

（3）土豆沥水放入熔化的澄清黄油和法香碎，即可成菜。

【技术要点】

注意土豆为橄榄形。控制土豆煮制的时间。

【质量标准】

土豆形状美观、柔软。

（三）烤奶酪土豆（Baked potatoes with Savoyarde cheese）

【原料】（成品 4 人份）

土豆 1.7 千克，切达奶酪（磨碎）111 克，白色基础汤 3 升，黄油 50 克，盐、胡椒粉适量。

【设备器具】

烤盘、汤锅。

【制作方法】

（1）土豆洗净后去皮，切成 3 毫米的薄片（这个厚度成熟后不容易破裂）。

（2）在烤盘上涂上黄油。

（3）准备烤盘，将白色基础汤倒入，用胡椒粉和盐调味，并且撒入磨碎的切达奶酪和片状的黄油。

（4）在烤炉里烘烤土豆至柔软并且有金黄色的外壳。

【技术要点】

注意奶酪的熬煮和烘烤的程度、温度、时间的控制。

【质量标准】

奶酪味要足，外表香脆，土豆内部柔软。

（四）土豆泥（Classic mashed potatoes "Mousseline"）

【原料】（成品 4 人份）

土豆 1.1 千克，盐和胡椒粉适量，鲜牛奶 3 升，黄油 75 克，磨碎的肉豆蔻 1 克，奶油 1 升。

【设备器具】

汤锅、压碎器。

【制作方法】

（1）土豆洗净削皮后，切成均匀厚度的片状，放进盐水里煮熟后沥干水分，用压碎器压成均匀的碎末。

（2）土豆碎放入锅中加热后，放入牛奶、黄油、盐、胡椒粉、肉豆蔻粉、奶油调味，搅拌至成奶油状即成。

【技术要点】

注意土豆泥浓稠度的控制。

【质量标准】

土豆泥口感要细腻，口味微咸香浓。

（五）（波拉夫）野米饭（Wild rice "Pilaf"）

【原料】（成品 4 人份）

大米 400 克，洋葱 111 克，黄油 50 克，白色鸡基础汤 7.5 升，野米（黑色）100 克，盐、胡椒粉适量。

【设备器具】

汤锅。

【制作方法】

（1）黄油炒洋葱碎，加入野米和白色鸡基础汤煮开，用盐和胡椒粉调味，盖上盖。

（2）将（1）放入 200℃的烤炉内烤 15～18 分钟。

（3）米饭成熟后上面放少许洋葱颗粒，用叉子叉散。

【技术要点】

注意米饭成熟度和口感的控制。

【质量标准】

米粒成熟后有颗粒感，口味微咸。

（六）意大利烩米饭（Risotto）

【原料】（成品 4 人份）

黄油 50 克，洋葱碎 11 克，意大利米 500 克，白葡萄酒 100 毫升，鸡基础汤 150 毫升，帕尔玛芝士 50 克，盐、胡椒粉适量。

【设备器具】

汤锅。

【制作方法】

(1) 用黄油炒香洋葱碎。

(2) 在 (1) 中加意大利米炒香后，加白葡萄酒烹香。

(3) 在 (2) 中加入鸡基础汤煮开，盖上盖再煮12～15 分钟。

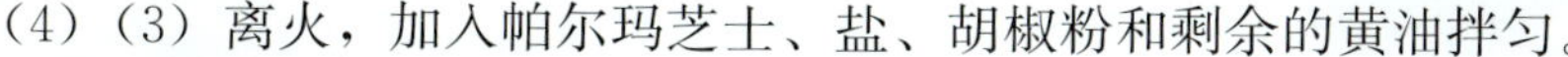

(4) (3) 离火，加入帕尔玛芝士、盐、胡椒粉和剩余的黄油拌匀。

【技术要点】

注意米饭成熟度和口感的控制。

【质量标准】

米粒成熟后有颗粒感，口味微咸，芝士香味浓郁。

(七) 烩蘑菇 (Stewed mushrooms)

【原料】(成品 4 人份)

黄油 50 克，蘑菇 820 克，小红葱 120 克，法香33 克，白葡萄酒 100 毫升，盐、胡椒粉适量。

【设备器具】

西式炒锅、汤锅。

【制作方法】

(1) 锅中加入黄油，炒香小红葱碎 (不上色)。

(2) (1) 中加入蘑菇、白葡萄酒调味，盖上盖煮，直至锅内的汁烧干以后，加入法香碎，用盐和胡椒粉调味即成 (可用于酸馅，蘑菇形状可以改变成为片状或小块状)。

【技术要点】

注意控制蘑菇的成熟度和口感。

【质量标准】

菜肴口味微咸，蘑菇香味浓郁。

(八) 红葱炒菠菜 (Sauteed spinach with shallots)

【原料】(成品 4 人份)

菠菜 1.1 千克，黄油 50 克，小红葱 56 克，鸡基础汤 30 毫升，豆蔻粉 0.5 克，盐和胡椒粉适量。

【设备器具】

西式炒锅、汤锅。

【制作方法】

(1) 菠菜择好，放在加盐的水中浸泡后清洗干净。

(2) 在锅中熔化黄油，加入小红葱碎，炒香，加入菠菜炒香，再加入鸡基础汤，最后加豆蔻粉、盐和胡椒粉调味，装盘即可。

【技术要点】

注意控制菠菜的成熟度和口感。

【质量标准】

菜肴口味微咸，菠菜爽口。

（九）意大利土豆丸子（Gnocchi）

【原料】（成品 4 人份）

土豆 1 千克，鸡蛋 1 个，面粉 300 克，橄榄油 50 毫升，盐、胡椒粉适量。

【设备器具】

西式炒锅、汤锅、压碎器。

【制作方法】

（1）土豆煮熟后，压成泥。

（2）土豆泥加入面粉及盐和胡椒粉搅拌均匀。

（3）土豆丸子面团搓至成形，放入沸水锅中煮至成熟。

（4）土豆丸子用橄榄油炒香后调味即可。

【技术要点】

注意控制土豆丸子面团软硬度、成熟度和口感。

【质量标准】

土豆丸子滑爽、口味微咸。

（十）奶油意大利面（Spaghetti carbonara）

【原料】（成品 4 人份）

意大利面 200 克，橄榄油 30 毫升，烟肉 6 片，鸡蛋黄 2 个，芝士 35 克，淡奶油 60 毫升，法香 10 克，盐、胡椒粉适量。

【设备器具】

西式炒锅、汤锅。

【制作方法】

（1）培根切碎，法香切碎备用。

（2）锅中放入水烧开，放入意大利面煮至软熟（7～10 分钟）。

（3）锅中放入橄榄油炒烟肉碎 2 分钟（小火），加入意大利面、盐、胡椒粉炒匀，再加入奶油混合料（淡奶油、蛋黄、法香碎）、盐和胡椒粉调味，中火收汁后装盘。

【技术要点】

注意控制意大利面的成熟度和口感。

【质量标准】

菜肴口味咸鲜，意大利面滑爽，奶油香味浓郁。

课后拓展与思考

（1）西餐常见配菜的种类有哪些？
（2）西餐常见配菜的分类方法是什么？配菜组合有什么原则？
（3）西式配菜与主菜搭配有什么技巧和要领？
（4）西式配菜在装盘和装饰上有什么原则？
（5）土豆的类型有哪些？各有什么特点和用途？
（6）意大利面的种类有哪些？各有什么特点和用途？
（7）如何把握蔬菜烹制的火候和方法？
（8）如何正确保存蔬菜？
（9）为什么绿色蔬菜不适合在带笼屉的蒸锅中蒸制？
（10）在烹制米饭类配菜时，加水量的控制因素是什么？

西式早餐蛋类制作与实训

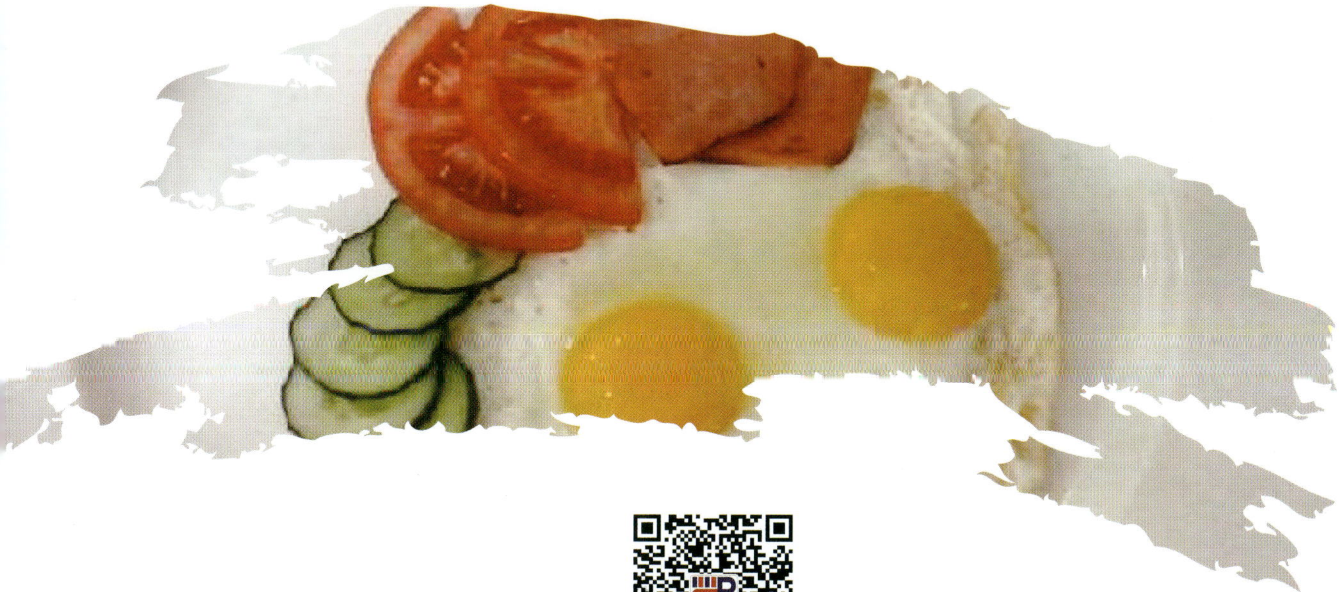

西式早餐蛋类制作与实训

项目导读

蛋类菜品是西式早餐中常见的蛋类菜肴，如煮硬壳蛋、煮水波蛋、煎蛋、炖蛋、炒滑蛋、炒法式蛋卷、烘蛋饼、烤蛋挞、梳夫利等，制作方法多样，呈现形式丰富，深受人们喜爱，应用广泛，同时也是西餐中的烹饪技能基本功。

在本单元的学习中，因为各种西式蛋类菜肴品种多样，原料食材的性能、质地、产地、特点、形态和风味各不相同，所以菜肴在成菜后的色、香、味、形、质等诸多要素方面的要求也各不相同，其适应的烹制方法，加热手段，制熟工艺等都各有特色，需要根据食材的特点，和不同国家或地区的菜肴风格和风土人情，去合理地运用和烹饪，才能更好地呈现出不同西式蛋类菜肴的风味特点。

理论学习目标

（1）了解并学习西餐中西式蛋类菜肴原料食材的种类和特点。

（2）学习并掌握西餐经典西式蛋类菜肴的原料配方、制作工艺、成菜标准及应用变化。

（3）掌握西式蛋类菜肴品质鉴别的标准和方法。

（4）掌握西餐中常见西式蛋类菜肴的装盘和装饰技法，能够按照标准化程序，独立进行各式西式蛋类菜肴的规范操作、熟练运用与变化。

实践应用目标

（1）掌握现代西式蛋类菜肴的变化与应用，以多角度的形式呈现西式蛋类菜肴的特色。

（2）熟练掌握现代烹饪设备的应用方法，遵守食品安全的规范与标准，学习实训单品加工与批量生产的技术操作要领。

（3）在西式早餐蛋类制作项目学习中，积极了解该行业发展动向，加强物尽其用、勤俭节约、团结合作、合理应用等中华民族勤劳团结优良传统美德的培养，以把自己锻炼成为有理想、敢担当、能吃苦、肯奋斗，具备团结奋斗精神的时代新人。

知识目标

西餐常见各类西式蛋类菜肴食材原料的名称、类型、特点、风味和外文名称，以及常见基本西式蛋类菜肴烹调技法的英文方式，以及 HACCP 食品安全管理体系知识。

德育修养

通过各种西式蛋类菜肴的实训学习，引导学生践行社会主义核心价值观，在教学过程中，围绕“爱国、敬业、诚信、勤俭”的核心思想，在本单元的菜肴实训教学中，培养学生崇高的品德和深厚的爱国情怀，西式蛋类菜肴原料品种丰富，加工中注意以良好的职业态度和诚实守信的作风进行加工制作，为更好地把优秀的我国食材运用到菜品中，发扬创新和探索精神；同时秉承勤俭节约精神，物尽其用不浪费，把加工的边角余料充分利用，制成菜肴或者酱汁调味，呈现良好的职业道德和精神风貌。始终如一地保持良好的职业素养，严格卫生安全意识，保证舌尖上的安全，维护绿色饮食的营养和健康。

学习目标

了解西式早餐中蛋类菜肴的种类和特点。

熟悉西餐烹调设备与器具的使用方法与维护。

学习并掌握西式早餐蛋类菜肴的原料配方、制作工艺、成菜标准，并能够按照标准化程序，独立制作和创新各式蛋类菜肴。

西式早餐蛋类品种丰富，制作方法多样，如煮带壳蛋、水波蛋、煎蛋、炒蛋、炖蛋、炒奄列蛋卷、梳夫利蛋等，是西式早餐中必不可少的菜肴品种之一，深受人们喜爱。西式早餐蛋类菜肴的制作关键是选用新鲜的鸡蛋。通常新鲜鸡蛋打开壳后，蛋白和蛋黄成形完整，有弹性，不松散，色泽鲜艳、发亮，用新鲜的鸡蛋制作的菜肴才能香鲜适口，否则会影响菜肴品质，甚至有害健康。

一、水煮带壳蛋（Hard-cooked eggs）

【原料】（成品 4 人份）

新鲜鸡蛋 8 个（2 个/份）。

【设备器具】

不锈钢盆、细孔滤网、不锈钢少司锅、盛菜菜盘。

【制作方法】

（1）将鸡蛋清理干净，先放入滤网中，再放入少司锅内，倒入足量冷水，淹没鸡蛋顶部约 5 厘米，用大火煮沸后，迅速转小火，保持水面微沸，开始计时煮制。

（2）将煮好的鸡蛋迅速浸入冷水，待到温热时取出去壳，立刻上菜或冷藏备用。

【技术要点】

（1）鸡蛋的大小通常以如下规格辨别：超大鸡蛋（XL）——73 克/个；大鸡蛋（L）——63～72 克/个；中鸡蛋（M）——53～62 克/个；小鸡蛋（S）——52 克/个。

（2）制作水煮带壳蛋时，既可以用冷水煮，也可以用微沸的沸水煮，关键是煮制时间的控制。通常应该在鸡蛋放入水中，水开始出现微沸状态时开始计时。

（3）剥鸡蛋壳的方法：鸡蛋煮好后，应立刻用冷水冲凉至温热，可用手拿住不烫手时去壳效果最佳。

（4）三成熟软心蛋（soft-cooked eggs）：一般应控制鸡蛋在水开始出现微沸状态后再煮 3～4 分钟即成。

（5）五成熟嫩心蛋（medium-cooked eggs）：一般应控制鸡蛋在水开始出现微沸状态后再煮 5～7 分钟即成。

（6）全熟硬心蛋（hard-boiled eggs）：根据鸡蛋的大小，在水开始出现微沸状态后，控制煮制时间，如小鸡蛋约煮 10 分钟；中鸡蛋约煮 11 分钟；大鸡蛋煮 12～13 分钟；超大鸡蛋约煮 14 分钟。

【质量标准】

（1）三成熟软心蛋成品为蛋白微熟、蛋黄全生呈液体状，多用于早餐、早午餐，配鱼子酱嫩蛋等。

（2）五成熟嫩心蛋成品为蛋白刚熟、不硬，蛋黄微熟、呈奶油状，多用于焗酿嫩蛋等。

（3）全熟硬心蛋成品为蛋白和蛋黄成熟定型，断面成形均匀美观。多用于沙拉、装饰或焗蛋等。

二、芥末蛋黄酱酿蛋（Deviled eggs）

【原料】（成品 4 人份）

全熟硬心蛋 4 个（1 个/份），马乃司少司 80 克，芥末酱 6 克，辣酱油 1 克，塔巴斯科辣椒酱 1 克，盐、胡椒粉适量。

【设备器具】

裱花袋、不锈钢盆、细孔滤网、果汁搅碎机、不锈钢少司锅、盛菜菜盘。

【制作方法】

（1）将全熟硬心蛋顺长度方向对切成两半，将蛋黄和蛋白分开，蛋白留作盛器，蛋黄用作馅料。

（2）将熟蛋黄用滤网滤成细末，放入果汁搅碎机中，与马乃司少司、芥末酱、辣酱油、塔巴斯科辣椒酱、盐和胡椒粉适量等一同搅匀后成芥末蛋黄酱。

（3）将芥末蛋黄酱用裱花袋挤入蛋白心中，撒上装饰料，迅速上菜即成。

【技术要点】

（1）芥末蛋黄酱上的装饰料可以用鱼子酱、香葱碎、法香碎、黑橄榄或红椒丝等代替。

（2）芥末蛋黄酱中，可以加入不同的原料，以变化不同的风味，如番茄蛋黄酱、菠菜蛋黄酱、芝士蛋黄酱等。

【质量标准】

菜肴成形美观，营养健康，口味清爽不腻。

三、焗芝士酿蛋（Stuffed eggs Mornay sauce）

【原料】（成品 4 人份）

鸡蛋 6 个（2 个/份），红葱 20 克，黄油 20 克，蘑菇 200 克，法香碎 20 克，毛恩内少司 1 升，帕尔玛芝士粉 40 克，西班牙红椒粉、盐和胡椒粉适量。

【设备器具】

不锈钢盆、细孔滤网、平底煎锅、不锈钢少司锅、盛菜菜盘。

【制作方法】

（1）煮全熟带壳蛋，切开后，保留蛋白，蛋黄压碎成蛋黄碎备用。

（2）少司锅置于中火上，加黄油烧热，放入蘑菇碎和红葱碎炒香，加西班牙红椒粉、盐和胡椒粉调味成蘑菇馅料。

（3）将蘑菇馅料、法香碎、蛋黄碎、毛恩内少司调匀成酿馅料。

（4）将酿馅料装入蛋白中，淋上少许毛恩内少司，撒上少许帕尔玛芝士粉，入面火焗炉焗上色即成。

【技术要点】

（1）中火炒蘑菇和红葱碎，炒香后加蛋黄和毛恩内少司调匀成馅料。

（2）可以用裱花袋或勺子将少司装入蛋白中，便于成形。

【质量标准】

菜肴色形美观，口味丰富。

四、氽煮水波蛋（Poached eggs）

【原料】（成品 4 人份）

新鲜鸡蛋 8 个（2 个/份），清水 1.6 升，盐 4 克，白酒醋 25 毫升。

【设备器具】

吸油纸、小碗、不锈钢盆、滤勺、平底煎锅、不锈钢少司锅、盛菜菜盘。

【制作方法】

（1）煎锅或少司锅中放入清水、盐、白酒醋，用中火煮沸后，转小火保持水温 71～82℃。

（2）鸡蛋敲破蛋壳，放入小碗中。

（3）将鸡蛋轻放入热水中氽煮。若为中鸡蛋，煮 3～5 分钟后，用滤勺取出，放于吸油纸上沥干，修整成形后，放于热菜盘中上桌即成，或放入冰水中浸凉，取出用刀修整成形，放吸油纸上沥水，冷藏备用。

【技术要点】

（1）氽煮水波蛋又可以称为水煮嫩蛋或水煮荷包蛋，是一种鸡蛋菜肴。欧美人常用作早餐或其他菜肴的原料。水波蛋做好后可放在烤面包或沙拉上，也可放在汤里。

（2）选用开口大的少司锅或平底煎锅氽煮，方便操作。锅中加水量不宜过多，以便蛋白定型凝固；煮制中，应保持水温 71～82℃，切忌滚沸。

（3）若制作时批量较少，可以将鸡蛋放入大汤勺内，浸入热水中氽煮，效果亦佳。

（4）红酒煮水波蛋。用红酒代替清水，将红酒加香料浓缩煮出香味后，用同样的方法煮鸡蛋，制成红酒煮水波蛋。

（5）芝士焗水波蛋。将吐司面包片抹匀黄油，放上 1 个煮好的水波蛋，淋上毛恩内少司，撒上芝士碎，送入高温焗炉焗烤上色即成。

（6）农夫式水波蛋。将吐司面包片抹匀黄油，依次放上 1 片番茄片、1 片火腿和 1

个煮好的水波蛋即成。

（7）蘑菇水波蛋。将蘑菇和奶油制作成奶油烩蘑菇，在熟制的蛋挞皮上放上1个煮好的水波蛋，淋上荷兰少司即成。

【质量标准】

成形完整，蛋白刚熟、不硬，蛋黄软嫩，清香适口。

五、班尼迪克蛋（Benedict eggs）

【原料】（成品4人份）

鸡蛋8个（2个/份），英式松饼4个，培根片8片，黄油20克，荷兰少司240毫升。

【设备器具】

吸油纸、不锈钢盆、细孔滤网、平底煎锅、不锈钢少司锅、少司汁盅、盛菜菜盘。

【制作方法】

（1）将英式松饼切成片，涂抹黄油后烤香；培根片煎香。

（2）制作水波蛋。

（3）将英式松饼上依次放上培根片和水波蛋，淋上荷兰少司，上菜即成。

【技术要点】

（1）制作时，保持水波蛋的嫩度和热度，若水波蛋提前做好，要注意保温。

（2）注意荷兰少司的风味和温度，通常现制现用。

（3）佛罗伦萨式水波蛋：制法与班尼迪克蛋类似，用炒菠菜代替煎培根片即可。

（4）美式水波蛋：制法与班尼迪克蛋类似，用煎番茄片代替煎培根片；用车打芝士汁代替荷兰少司即可。

（5）烟熏三文鱼水波蛋：制法与班尼迪克蛋类似，用贝果面包代替英式松饼；用烟熏三文鱼代替煎培根片即可。

【质量标准】

菜肴成形完整，鸡蛋软嫩，清香适口。

六、煎蛋（Fried eggs）

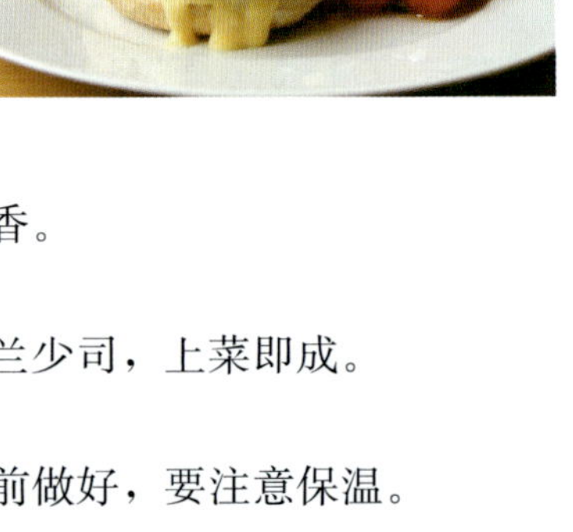

【原料】（成品4人份）

新鲜鸡蛋8个（2个/份），黄油20克，盐、胡椒粉适量。

【设备器具】

不锈钢方盘、不锈钢汁盆、吸油纸、不粘锅、盛菜菜盘、小碗、煎蛋圈。

【制作方法】

（1）将平底不粘锅放中火上烧热，加黄油熔化。鸡蛋打破放入小碗中。

（2）将鸡蛋轻放入锅中，用小火缓慢煎制。

（3）至蛋白刚熟、不硬，蛋黄微熟定形、呈糊状时，撒盐和胡椒粉调味，离火放入热菜盘即成。

（4）若需双面煎制时，可将鸡蛋翻面煎制即可。

【技术要点】

（1）煎制时，注意保持成形完整。可以用煎蛋蛋圈煎制，效果更佳。

（2）单面煎蛋，也称为太阳蛋，英文为 sunny-side up egg 或 one side egg 或 running egg。

（3）双面煎蛋，英文为 both sides egg 或 double sides egg。双面煎蛋又分为三种类型：嫩心双面煎蛋（over easy egg），煎好一面就赶紧翻面，里面的蛋黄尚在流动；半熟双面煎蛋（medium egg）；全熟双面煎蛋（well done egg 或 hard egg）。

（4）嫩心双面煎蛋：煎好一面就翻面，再煎 20～30 秒钟。

（5）半熟双面煎蛋：煎好一面就翻面，再煎 1 分钟。

（6）全熟双面煎蛋：煎好一面就翻面，再煎 2 分钟。

【质量标准】

成形完整，软嫩适宜。

七、炒滑蛋（Scrambled eggs）

【原料】（成品 4 人份）

新鲜鸡蛋 12 个（3 个/份），清水或牛奶 60 毫升，澄清黄油 30 毫升，盐 4 克，胡椒粉 1 克。

【设备器具】

不锈钢方盘、不锈钢汁盆、吸油纸、细孔滤网、盛菜菜盘、餐叉、不粘锅。

【制作方法】

（1）鸡蛋（3 个/份）打破放入小碗中，用餐叉调散，加牛奶、盐和胡椒粉调味。

（2）不粘锅中加黄油烧热，放入蛋奶液，小火加热炒制，不断用木搅板或餐叉翻动炒匀。

（3）至蛋液软嫩，呈奶油糊状时，迅速出锅，装盘即成。

【技术要点】

（1）炒蛋时用小火，时间长，以蛋糊成形，保持松软的嫩度为佳。

（2）用木搅板或餐叉炒制，方便简单。

（3）芝士炒滑蛋：制法与炒滑蛋类似，在上述方法基础上，蛋液中每份多加入 15 克芝士粉一同炒制，出锅前每份加入 10 毫升奶油调味即可。

（4）瑞典式炒滑蛋：制法与炒滑蛋类似，在上述方法基础上，蛋液中每份多加入 30 克烟熏三文鱼一同炒制，出锅前每份撒入 1 克细香葱碎调味即可。

【质量标准】

蛋糊松软，口感软滑、细腻，口味丰富。

八、葡萄牙炒滑蛋（Portuguese scrambled eggs）

【原料】（成品 4 人份）

新鲜鸡蛋 12 个（3 个/份），黄油 40 克，红葱 20 克，熟番茄 400 克，番茄酱 20 克，香料束 1 束，大蒜 20 克，牛奶 20 毫升（选用），淡奶油 20 毫升，盐、胡椒粉适量。

【设备器具】

不锈钢方盘、不锈钢汁盆、吸油纸、细孔滤网、盛菜菜盘、餐叉、不粘锅。

【制作方法】

（1）鸡蛋（3 个/份）打破放入小碗中，用餐叉调散，加牛奶、盐和胡椒粉调味。

（2）将红葱用黄油炒香，加番茄碎、香料束、大蒜碎炒匀，调味后加番茄酱，小火煮稠，去除香料束，成浓缩鲜番茄膏。

（3）不粘锅中加黄油 20 克烧化，放入蛋奶液，小火加热炒制，不断用木搅板或餐叉翻动炒匀。

（4）至锅中心的蛋液开始凝固、成形。将锅离火，加入黄油 20 克和淡奶油搅匀，成蛋糊状，加入浓缩鲜番茄膏，加盐和胡椒粉调味，装盘即成。

【技术要点】

（1）炒蛋时用小火，时间长，以蛋糊软嫩松软为佳。

（2）注意炒制手法宜轻，速度宜快。

【质量标准】

蛋糊松软，口感软滑、细腻，口味丰富。

九、香草奄列蛋卷（Herb omelet）

【原料】（成品 4 人份）

鸡蛋 12 个（3 个/份），黄油 40 克，奶油或牛奶 60 毫升，细香葱 10 克，百里香 1 克，鲜罗勒 0.2 克，阿里根奴香草 0.2 克，香叶芹 2 克，龙蒿香草 1 克，法香 5 克，盐、胡椒粉适量。

【设备器具】

不锈钢方盘、小碗、不锈钢盆、细孔滤网、盛菜菜盘、餐叉、不粘锅。

【制作方法】

（1）将鸡蛋放入小碗中调散。将细香葱、百里香、鲜罗勒、阿里根奴香草、香叶芹、龙蒿香草和法香等香草分别切碎。将香草碎、鸡蛋液、奶油或牛奶、盐和胡椒粉调匀备用。

（2）不粘锅置于中火上，加黄油烧热，倒入混匀的蛋浆。

（3）用木搅板或餐叉或汤勺搅动蛋液，炒至蛋浆浓稠成软糊。

（4）将不粘锅前端放低，后端抬高。左手晃动煎锅，右手用木搅板或餐叉或汤勺将蛋糊推至锅的前端，成蛋卷。

（5）翻卷、煎制蛋卷底部定形，继续晃动加热，使蛋卷成为两头细中间粗的梭子形，取出装盘，用细香葱装饰即成。

【技术要点】

（1）炒奄列蛋卷时要注意晃动煎锅，避免蛋液粘锅。最好使用不粘锅。将蛋卷抖动、翻卷成梭子形即可。

（2）芝士奄列蛋卷：制法与香草奄列蛋卷类似，在上述方法基础上，用 15 克芝士粉代替香草碎，加入蛋液中一同炒制成蛋卷而成。

（3）时蔬芝士奄列蛋卷：制法与香草奄列蛋卷类似，在上述方法基础上，用芝士粉和炒蘑菇、番茄等时蔬代替香草碎，加入蛋液中一同炒制成蛋卷而成。

（4）番茄奄列蛋卷：制法与香草奄列蛋卷类似，在上述方法基础上，用 60 克浓缩鲜番茄膏代替香草碎，加入蛋液中一同炒制成蛋卷而成。

（5）海鲜奄列蛋卷：制法与香草奄列蛋卷类似，在上述方法基础上，用 60 克煮熟的大虾仁、烟熏三文鱼等和 15 毫升酸奶油代替香草碎，加入蛋液中一同炒制成蛋卷而成。

【质量标准】

色泽青绿，清香适口，蛋香宜人。

十、西班牙烘蛋饼（Spanish omelet）

【原料】（成品 4 人份）

鸡蛋 12 个（3 个/份），黄油 40 毫升，橄榄油 40 毫升，培根 40 克，洋葱碎 100 克，大蒜碎 40 克，青椒 50 克，甜红椒 50 克，香叶 1 克，百里香 1 克，法香碎 2 克，香叶芹 2 克，土豆 50 克，番茄 200 克，细香葱 20 克，盐、胡椒粉适量。

【设备器具】

吸油纸、不锈钢盆、细孔滤网、餐叉、不粘锅。

【制作方法】

（1）将鸡蛋调散。洋葱和大蒜切碎。培根、土豆、青椒、甜红椒切成小片。番茄去皮、去籽，切碎。

（2）将培根用橄榄油炒香，加洋葱碎、法香碎和大蒜碎炒匀，放入青椒、红椒、土豆和番茄炒出味，离火凉凉备用。

（3）将鸡蛋调散，放入炒香的培根、土豆、青椒、红椒等辅料，加盐和胡椒粉拌匀。

（4）平底不粘锅内加黄油烧热，倒入蛋浆，加盖用小火烘焖，熟透后装盘，用细香葱装饰即成。

【技术要点】

（1）用小火炒培根等辅料，炒软后蛋饼的香味才浓厚。

（2）用小火煎制蛋饼，慢慢烘焖，切忌焦煳。有条件可以用面火焗炉或烤炉烘烤。

【质量标准】

菜肴形状完整，色彩鲜艳、美观，口感丰富，味香醇咸鲜，蛋香味浓。

十一、芝士梳夫利（Cheese soufflé）

【原料】（成品 4 人份）

黄油 35 克，面粉 30 克，牛奶 300 毫升，蛋黄 6 个，帕尔玛芝士粉 80 克，鸡蛋白 5 个，豆蔻粉、盐和胡椒粉等适量。

【设备器具】

不锈钢盆、细孔滤网、平底煎锅、不锈钢少司锅、盛菜菜盘、梳夫利模具。

【制作方法】

（1）将模具内壁抹上黄油，撒上面粉，抖去多余的面粉，冷藏备用。

（2）少司锅置于中火上，加黄油烧热，放入面粉炒香，成金黄色黄油面酱时，离火冷却备用。

（3）将牛奶煮沸，分次倒入黄油面酱中搅匀。上火煮沸后，加盐、胡椒粉和豆蔻粉调味。离火加入调匀的蛋黄，再上火煮沸，倒入盆内，加入 5 克黄油，成牛奶蛋面糊，搅匀备用。

（4）将蛋白打成蛋泡，加盐搅匀。将蛋泡和帕尔玛芝士粉分次混入牛奶蛋面糊中调匀，成梳夫利面糊。

（5）将梳夫利面糊倒入模具盒中，约八成满。

（6）将梳夫利模具盒放入盛有热水的烤盘内，水浴加热，送入烤炉中（上火 180℃，下火 200℃）烤 25 分钟。待体积膨胀、成金黄色时取出，装盘上菜即可。

【技术要点】

（1）制牛奶蛋面糊时，将热牛奶分次加入冷的黄油面酱中。边加边搅动，至面糊细腻，无颗粒时，再上火加热，调剂浓度。

（2）蛋黄应先加少许牛奶调散。待面糊离火后加入，这样蛋黄不会迅速凝固，便于调剂浓度。

（3）梳夫利出炉后要趁热迅速上菜，松软尽快食用，以品尝它那入口即化、松软的口感，以免时间一过梳夫利软塌，影响风味。

【质量标准】

成品色泽棕黄，膨松、香泡，芝士味香浓，风味宜人。

十二、洛林蛋挞（Quiche Lorraine）

【原料】（成品 4 人份）

面粉 125 克，盐 3 克，酥皮黄油 65 克，蛋黄 2 个，水 25 毫升，面粉（扑粉）40 克，培根 80 克，芝士 50 克，鸡蛋 1 个，牛奶 125 毫升，淡奶油 125 毫升，豆蔻粉、盐和胡椒粉适量。

【设备器具】

不锈钢盆、细孔滤网、花钳、擀面棍、平底煎锅、盛菜菜盘。

【制作方法】

（1）芝士和培根切片。将培根煎香，沥油备用。

（2）面粉过筛放于砧板上，中心搅出一小坑，分别放入盐、水、蛋黄和酥皮黄油。把盐、水、油和蛋黄搅匀，和入面粉，反复叠、压成形后，成黄油酥皮面团，用保鲜膜包好，冷藏 1 小时备用。

（3）将黄油酥皮面团擀成 3 毫米厚的面皮，铺放在派盘中，叉出小孔，擀去多余的面皮，用花钳夹出花边，成蛋挞底坯，冷藏备用。

（4）把淡奶油、鸡蛋、牛奶搅匀，加盐、胡椒粉和豆蔻粉调味，过滤后成奶油汁。

（5）取出蛋挞底坯，入烤炉预烤 10 分钟，取出后在底部面皮上放入培根片和芝士片，倒入淡奶油，送入 180℃的烤炉中，烤 30 分钟取出，保温备用。

（6）上菜时，将蛋挞装于大圆盘中，装饰即成。

【技术要点】

（1）制作黄油酥皮面团时，以叠、压手法为主，切忌搓、揉。

（2）蛋挞底坯制好后，应冷藏备用，以免烤出的面皮收缩。

（3）蛋挞底坯，入烤炉预烤时，上面可铺一层锡箔纸，放上重物定型，便于成形。

【质量标准】

成品色泽金黄，外黄酥香，内馅软嫩，咸鲜味厚，风味独特。

十三、奶油炖蛋（Eggs en cocotte with cream）

【原料】（成品 4 人份）

新鲜鸡蛋 8 个（2 个/份），黄油 20 克，奶油 20 克，盐、胡椒粉适量。

【设备器具】

不锈钢方盘、不锈钢汁盆、软刷、小碗、盛菜菜盘、炖盅、木搅板、煎锅、不锈钢少司锅、烤炉。

【制作方法】

（1）煎锅中加黄油烧热，至澄清无水分时，成澄清黄油保温备用。少司锅置于中火上，加入奶油煮稠后，加盐调味，保温备用。

（2）将炖盅洗净，内部刷匀澄清黄油，撒盐和胡椒粉，放入去壳的鸡蛋，保持蛋黄和蛋白的形状。

（3）将炖盅放入不锈钢方盘内，加入热水至炖盅一半，送入160℃烤炉内，烤5～6分钟，至鸡蛋五成熟，蛋白凝固，蛋黄柔软呈奶油状时备用。

（4）上菜前，取出炖盅，将奶油汁淋在蛋白周围即成。

【技术要点】

（1）炖盅内需均匀刷油，以免鸡蛋粘底。

（2）佛罗伦萨式芝士炖蛋：炖盅底部放炒香的菠菜，淋上奶油，放入鸡蛋，撒入芝士，焗烤而成。

【质量标准】

鸡蛋成形完整，蛋白定型，蛋黄微熟、呈奶油状，奶油香味适口，软嫩适宜。

课后拓展与思考

（1）蛋类品质鉴别的标准和方法是什么？

（2）煮制西餐带壳硬心鸡蛋时，冷水煮制和沸水煮制有什么不同？

（3）西式早餐常见的单面煎蛋、双面煎蛋各有什么类型？英文如何表达？

（4）如何控制西式早餐蛋类菜肴制作时的火候？

（5）请用中英文列出西式早餐各种蛋类的制作工艺，如配方、制作方法、制作要领和应用范围等。

西式甜品制作与实训

西式甜品制作与实训

项目导读

甜品是西餐正餐中最重要的、最甜蜜的组成部分，其重要性取决于甜品本身和时间。几乎每个民族文化中都对甜食充满期待。西式甜品的领域广阔，包含的工艺技术繁多，品种变化无穷。甜品出现在17世纪，“desserte”一词源自法语动词“desservir”，意为清理餐桌，表示在清除主餐后食用的甜食。

在本单元的学习中，因为各种西式甜品原料食材的性能、质地、产地、特点、形态和风味各不相同，所以菜肴在成菜后的色、香、味、形、质等诸多要素方面的要求也各不相同，其适应的烹制方法，加热手段，制熟工艺等都各有特色，需要根据食材的特点，和不同国家或地区的菜肴风格和风土人情，去合理地运用和烹饪，才能更好地呈现出不同西式甜品的风味特点。

理论学习目标

（1）了解并学习西餐中西式甜品原料食材的种类和特点。

（2）学习并掌握西餐经典西式甜品的原料配方、制作工艺、成菜标准及应用变化。

（3）掌握西式甜品品质鉴别的标准和方法。

（4）掌握西餐中常见西式甜品的装盘和装饰技法，能够按照标准化程序，独立进行各式西式甜品品种的规范操作、熟练运用与变化。

实践应用目标

（1）掌握现代西式甜品的变化与应用，以多角度的形式呈现西式甜品的特色。

（2）熟练掌握现代烹饪设备的应用方法，遵守食品安全的规范与标准，学习实训单品加工与批量生产的技术操作要领。

（3）在西式甜品制作项目学习中，积极了解该行业发展动向，积极了解该项目的文化特色、特点，学习西式甜点制作精益求精的精神，结合产业发展动向和趋势，增强文化自信，继承发扬与变化创新，为实现新一代大国工匠目标而努力。

知识准备

西餐常见各类西式甜品食材原料的名称、类型、特点、风味和外文名称，以及常见基本西式甜品烹调技法的英文方式，以及HACCP食品安全管理体系知识。

德育修养

通过各种西式甜品的实训学习，引导学生践行社会主义核心价值观，在教学过程中，围绕“爱国、敬业、诚信、勤俭”的核心思想，在本单元的菜肴实训教学中，培养学生崇高的品德和深厚的爱国情怀，西式甜品原料品种丰富，加工中注意以良好的职业态度和诚实守信的作风进行加工制作，为更好地把优秀的我国食材运用到菜品中，发扬创新和探索精神；同时秉承勤俭节约精神，物尽其用不浪费，把加工的边角余料充分利用，制成菜肴或者酱汁调味，呈现良好的职业道德和精神风貌。始终如一地保持良好的职业素养，严格卫生安全意识，保证舌尖上的安全，维护绿色饮食的营养和健康。

学习目标

了解并学习西餐中不同类型甜品的区别。

熟悉西式甜品的基本制作方法。

熟悉并掌握西餐烹调设备与器具的使用方法与维护技术；常见西式甜品的原料配方、制作工艺、成菜标准；并能够按照标准化程序，独立制作和创新各式常见西式甜品。

西式甜品（desserts）的制作是每个西餐厨师都必须掌握的一门技术。西点和甜品是有一定的联系，但也有很多区别，本项目主要介绍西餐中餐后甜品和点心的制作技术。

一、香橙慕斯（Orange mousse cake）

【原料】（成品 4 人份）

鸡蛋 500 克，白糖 180 克，面粉 100 克，玉米淀粉 50 克，黄油 15 克，蛋糕油 5 克，朗姆酒 15 毫升，脐橙 500 克，橙汁 150 毫升，鱼胶粉 30 克，甜奶油 200 毫升，马斯卡彭奶酪（Mascarpone cheese）200 克，蛋白 100 克，白糖 30 克，薄荷叶 2 片，桑葚果 8 粒。

【设备器具】

蛋抽、搅拌机、不锈钢盆、细孔滤网、大盘、小碗、蛋糕模具。

【制作方法】

（1）把蛋黄、蛋白分离。蛋黄加入白糖打发，变白发泡后加入蛋糕油混合。在另外一个不锈钢盆中打发蛋白，然后把蛋白、蛋黄混合，加入筛过的面粉、玉米淀粉混合，再加入熔化的黄油，然后放入蛋糕模具内，入烤炉烤成蛋糕备用。

（2）蛋糕片开，取一片放入模具中；甜奶油打发备用；鱼胶粉加开水溶化备用；蛋白打发，加入适量白糖备用。

（3）脐橙先用擦皮器取出一个脐橙的皮备用；全部脐橙肉切成小瓣橙肉备用，剩余的部分压成鲜橙汁备用。

（4）取奶油、一半橙汁、鲜脐橙汁、橙皮碎、打发的蛋白、软化马斯卡彭奶酪、朗姆酒、一半鱼胶水混合均匀后放入有蛋糕垫底的模具中，作为慕斯坯冷冻后取出。

（5）橙汁加水调开，加入剩下的一半鱼胶水混合，凉凉备用。

（6）取出冻好的慕斯坯，放入一半的橙汁水，再放入冰箱中冷冻，再取出放入剩下的橙汁水，表面整齐地摆放切好的小瓣橙肉，冷冻后即可取出、脱去模具即成。分割后摆放甜品盘中，配薄荷叶、桑葚果即可。

【技术要点】

适量的鱼胶可以使慕斯凝结，但是慕斯鱼胶量太多，成品会发硬，鱼胶量太少，成品可塑性差，蛋糕不成形。蛋糕表面覆盖的是香橙果冻，鱼胶粉的使用量也是菜肴成败的关键。

【质量标准】

口感细腻，酸甜可口，造型美观，色彩亮丽。

【酒水搭配】

此款甜品适合搭配红茶或咖啡。

二、美式苹果派（Apple pie）

【原料】（成品 4 人份）

面粉 200 克，黄油 100 克，糖粉 50 克，奶粉 15 克，鸡蛋 50 克，苹果 1000 克，葡萄干 50 克，朗姆酒 50 毫升，白糖 100 克，蛋糕碎 200 克，玉桂粉 15 克，黄油 150 克。

【设备器具】

不锈钢盆、细孔滤网、大盘、擀面棍、坯壳模具、炒锅。

【制作方法】

（1）先把黄油打发，然后加入面粉、糖粉、鸡蛋、奶粉混合制作混酥皮，冷冻备用。

（2）苹果去皮、去核后切片备用。

（3）炒锅内放入黄油，加入苹果片、葡萄干、朗姆酒、白糖、玉桂粉，将苹果片炒软后加入适量蛋糕碎，把水分吸干，凉凉备用。

（4）把混酥皮擀开后，铺在坯壳模具内，压紧。刷蛋液，然后放入炒好的苹果馅，刷鸡蛋液；再擀开一半混酥皮铺盖在苹果馅上面，刷蛋黄液，用牙签划花纹，然后入炉烤熟即可。

（5）取出模具后切 8 块即可装盘，配酸奶油即可食用。

【技术要点】

（1）选用美国红苹果或日本富士苹果，口感最好。

（2）炒苹果馅时，白糖可以根据苹果的酸甜口味适当添加。

（3）混酥皮烤的时候主要为下火，以下火烤黄混酥皮即可取出。

【质量标准】

酸甜咸香，色泽金黄，玉桂香浓，苹果软糯。

【酒水搭配】

此款甜品适合搭配茶水或鸡尾酒。

三、红酒烩雪梨（Red wine braised pears）

【原料】（成品 4 人份）

雪梨 500 克，柠檬 50 克，白糖 200 克，红葡萄酒 750 毫升，丁香 1 粒，肉桂粉 0.1 克，薄荷叶 1 片，马斯卡彭奶酪 50 克。

【设备器具】

汤锅、甜品碟、双耳挖。

【制作方法】

（1）雪梨去皮，用双耳挖掏取雪梨核备用。

（2）汤锅内放入雪梨、红葡萄酒、柠檬片、白糖、丁香、肉桂粉烧开后，关小火烩至雪梨变软，红酒汁浓缩即可。

（3）凉凉的雪梨取出，装入甜品碟中央，放入适量红酒汁，搭配用勺子做的马斯卡彭奶酪球及薄荷叶即可。

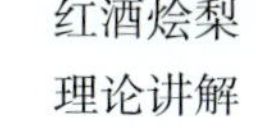

红酒烩梨
理论讲解

【技术要点】

（1）选用质地细腻的香梨或小雪梨，才能保证品质。

（2）葡萄酒可选用品质上乘的干红葡萄酒，也可用适量桃红葡萄酒给雪梨着色。

（3）可用小火慢慢把雪梨烩软，再浸泡一天，红葡萄酒的颜色才会渗入雪梨内部。

【质量标准】

色泽暗红，雪梨软糯，质地细腻，酸甜爽口。

【酒水搭配】

为了更好地品尝红酒烩雪梨的美味，这道甜点不需搭配任何酒水。

四、巧克力梳夫利（Chocolate soufflé）

【原料】（成品 4 人份）

吉士粉 30 克，牛奶 150 毫升，白糖 30 克，黄油 100 克，鸡蛋 500 克，面粉 15 克，巧克力 50 克，糖粉 10 克，酸奶油 15 克。

【设备器具】

汤锅、不锈钢盆、蛋抽、梳夫利盅、细孔滤网、甜品盘、勺子、小碗。

【制作方法】

（1）先把吉士粉加少许清水熔化；巧克力切碎加少许牛奶加热熔化成巧克力汁备用；鸡蛋取蛋白备用；梳夫利盅内抹黄油，粘白糖后备用。

（2）汤锅内放入牛奶、少许黄油烧开后，慢慢倒入吉士水烧开至浓稠成吉士汁备用。

（3）蛋白放入不锈钢盆内用蛋抽打发，到蛋白挺坚的时候加入白糖，继续快速抽打，至蛋白光滑的时候，加入吉士汁、巧克力汁、面粉适量，混合均匀装入梳夫利盅，入烤炉烤熟即可。

（4）取出烤好的梳夫利，用细孔滤网撒上糖粉，放少许酸奶油即可。

【技术要点】

（1）用吉士粉制作吉士汁比较简单，为节约成本也可以使用蛋黄和牛奶、云尼娜香草制作香草汁。

（2）烤好的梳夫利产品只能保持 2 分钟左右就会塌陷，要让食客看到最佳的产品效果必须掌握产品的出品时间。

【质量标准】

蓬松凸起，巧克力香浓、甜美。

【酒水搭配】

此款甜品适合搭配酸性起泡酒或咖啡。

五、芝士蛋糕（Cheese cake）

【原料】（成品 4 人份）

混酥 150 克，蓝莓果酱 50 克，清蛋糕 1 片，黄桃罐头 150 克，奶油芝士 250 克，牛奶 75 毫升，鸡蛋 50 克，白糖 15 克，淡奶油 200 毫升，甜奶油 50 毫升，鱼胶粉 15 克，蛋黄 50 克，薄荷叶 1 片，黑巧克力 30 克，白巧克力 15 克，草莓 30 克，君度酒 15 克。

【设备器具】

搅拌机、不锈钢盆、蛋抽、细孔滤网、甜品盘、蛋刷、小碗、蛋糕模具。

【制作方法】

（1）先把混酥擀成蛋糕模具大小的圆片，入炉烤熟后取出装入蛋糕模具中，抹上蓝莓果酱，放上清蛋糕，再放上整个的黄桃备用。

（2）不锈钢盆内打发淡奶油、甜奶油备用；鸡蛋打发后加入白糖备用；鱼胶粉用开水溶化后备用。

（3）搅拌机里放入常温的奶油芝士打发，分批加入牛奶搅拌均匀；然后加入鸡蛋、淡奶油、甜奶油、君度酒混合均匀，再加入鱼胶水调匀，放入蛋糕模具中抹均匀，入冰箱冷冻即可。

（4）黑巧克力和白巧克力制作成装饰品备用。

（5）取出冻好的芝士蛋糕，上面刷上蛋黄液，在焗炉上把表面焗上色，分割成 4 份。

（6）取出一块芝士蛋糕装盘，配巧克力装饰品、奶油花、薄荷叶、草莓装饰即可。

【技术要点】

奶油芝士要在常温下才容易打发。

【质量标准】

奶香浓郁，细腻爽滑，芝士香浓，色泽美观。

【酒水搭配】

此款甜品适宜搭配咖啡或茶；也可以选配香槟或淡雅的白葡萄酒。

六、大西米布丁（Tapioca pudding）

【原料】（成品 4 人份）

大西米 50 克，牛奶 100 毫升，椰浆 100 毫升，白糖 50 克，吉士粉 25 克，芒果 25 克，草莓 25 克，柚子 25 克，杏仁片 10 克，薄荷叶4 片。

【设备器具】

布丁模具、汤锅、甜品碟、细孔滤网、不锈钢盆、勺子。

【制作方法】

（1）大西米清水浸泡30分钟后，放入开水中煮至透明，冲冷水备用。

（2）汤锅内放入牛奶、椰浆、白糖、西米烧开，加入用水调和好的吉士粉混合，加热至汁液变浓稠后放入布丁模具中，放入冰箱冷冻后即可。

（3）甜品碟内放上少许椰浆，然后把冷冻凝固好的布丁倒扣进去。

（4）布丁表面装饰上柚子丝、芒果丁、草莓，奶油花放薄荷叶装饰，最后撒上烤黄的杏仁片即可成菜。

【技术要点】

（1）大西米一定要先浸泡才能煮透明。

（2）吉士粉的作用是使布丁凝固，浓稠度要掌握好，成品才会软硬适度。

【质量标准】

色彩丰富，椰香浓郁，细腻爽滑，香甜可口。

【酒水搭配】

此款甜品适合搭配绿茶或红茶。

七、巧克力蛋糕（Chocolate cake）

【原料】（成品4人份）

鸡蛋400克，白糖200克，面粉210克，色拉油100毫升，牛奶25毫升，可可粉25克，泡打粉1克，黑巧克力250克，黄油50克，朗姆酒15毫升，核桃仁50克，白巧克力50克。

【设备器具】

搅拌机、不锈钢盆、细孔滤网、蛋糕模具、甜品盘、小碗、抹刀。

【制作方法】

（1）面粉、可可粉、泡打粉过筛后备用；核桃仁烤香后备用。

（2）搅拌机里放入鸡蛋、白糖搅拌，打发至颜色发白后加入面粉、可可粉、泡打粉、牛奶、色拉油混合均匀，放入蛋糕模具内抹平，放入烤炉烤熟，冷后取出。

（3）把巧克力蛋糕片成三层备用；黑巧克力加入黄油熔化备用。

（4）取一片巧克力蛋糕片，淋少许朗姆酒，撒核桃仁，抹巧克力酱，再放上一片巧克力蛋糕片，淋朗姆酒，撒核桃仁，最上面再放上一片巧克力蛋糕片，并抹上厚厚的一层巧克力酱即可。

（5）把做好的巧克力蛋糕切成10块。

（6）取一块蛋糕放入甜品盘，放上用黑、白巧克力做的装饰花和核桃仁即可。

【技术要点】

巧克力酱的制作方法也有很多的变化，有加黄油的，有加奶的，有什么都不加的，不同的制作方法制作出的巧克力风味各异。

【质量标准】

巧克力香浓，蛋糕入口即化，核桃仁香脆。

【酒水搭配】

此款甜品适合搭配茶水或咖啡。

八、拿破仑酥条（Mille Feuille）

【原料】（成品 4 人份）

清酥皮 150 克，吉士粉 30 克，黄油 5 克，白糖 25 克，牛奶 100 毫升，甜奶油 50 毫升，糖粉 100 克，巧克力 30 克，草莓 50 克，薄荷叶 4 片。

【设备器具】

烤盘、汤锅、不锈钢盆、甜品盘、白纸、蛋抽、抹刀。

【制作方法】

（1）清酥皮三张放入烤盘内，用叉子叉小孔后放入烤炉烤熟即可。

（2）汤锅内放入牛奶、黄油、白糖烧开，加入用水调制的吉士粉，烧开至浓稠，凉凉备用。

（3）甜奶油用蛋抽打发，分批加入吉士汁内成为吉士酱。

（4）取烤好的一片酥皮，抹上吉士酱，再放上一片酥皮，抹上吉士酱，最上面倒扣放上一片酥皮，用木板轻轻压平。

（5）糖粉和开水适量混合调制成糖霜液，趁热抹在酥皮上面，挤上熔化的巧克力酱，用牙签划花纹即可。

（6）装盘的时候配草莓、奶油花、薄荷叶。

【技术要点】

烤酥皮一定要烤熟、烤透，酥皮才会酥脆。

【质量标准】

酥脆甜蜜、层次丰富、花纹美观。

【酒水搭配】

此款甜品适合搭配红茶或咖啡。

九、罗曼诺夫烩水果（Kiwi fruit-strawberry in red wine）

【原料】（成品 4 人份）

草莓 200 克，猕猴桃 200 克，柠檬 50 克，白糖 100 克，红葡萄酒 400 毫升，丁香 0.1 克，玉米淀粉 25 克，薄荷叶 4 片，雪梨 25 克，冰淇淋 400 克，烤杏仁片 30 克。

【设备器具】

汤锅、炒锅、冰淇淋夹、船形瓷盅。

【制作方法】

(1) 草莓洗净，猕猴桃去皮，切成块备用。

(2) 汤锅内放入草莓、猕猴桃、红葡萄酒、白糖、柠檬片、雪梨片、丁香烧开，待水果变软，加入玉米淀粉收稠汁。

(3) 把烩制好的水果装入船形瓷盅，装饰薄荷叶、烤杏仁片，趁热放上一个冰淇淋球即可出菜。

【技术要点】

(1) 根据草莓和猕猴桃的甜度适量添加白糖。

(2) 猕猴桃不宜烩制太长时间，以免变色。

【质量标准】

红绿相间，酸甜可口，冷热搭配，营养健康。

【酒水搭配】

此款甜品适宜搭配各式曲奇饼干，不适宜搭配酒水或饮品。

十、圣诞布丁 (Christmas pudding)

【原料】(成品 4 人份)

面包屑 150 克，杏仁片 25 克，无花果干 25 克，黑葡萄干 25 克，什锦蜜饯 25 克，柠檬皮 15 克，橙皮 15 克，榆桂粉 1 克，豆蔻粉 1 克，丁香 1 克，红糖 50 克，红樱桃 25 克，白兰地酒 25 毫升，朗姆酒 50 毫升，苹果 100 克，西梅 25 克，黄油 150 克，鸡蛋 150 克，面粉 150 克，黑水适量，糖粉 50 克。

【设备器具】

布丁模具、不锈钢盆、搅拌机、勺子、细孔滤网、甜品盘。

【制作方法】

(1) 把干面包屑、杏仁片、无花果干、黑葡萄干、什锦蜜饯、柠檬皮、橙皮、榆桂粉、豆蔻粉、丁香、红糖、红樱桃、白兰地酒、朗姆酒、苹果、西梅等切碎腌制 1 周左右后使用。

(2) 用适量白糖炒成深棕色的糖色备用。

(3) 搅拌机内放入黄油打发，逐个加入鸡蛋，再打发至颜色发白、发泡，加入腌制的果皮碎和面粉混合，使用糖水调色，最后装入布丁模具，入烤炉隔水烤熟即可。

(4) 取出布丁倒扣在甜品盘中，装饰红果树叶和红果，用细孔滤网撒糖霜即可。

【技术要点】

(1) 各式果脯蜜饯要提前一周左右腌制入味。

(2) 糖水的作用是调色和产生焦糖味道。

【质量标准】

表面光洁，内容丰富，口感细腻，纯甜味浓。

【酒水搭配】

此款甜品适合搭配气泡酒。

十一、核桃蛋白酥（Walnut meringue）

【原料】（成品 4 人份）

蛋白 200 克，糖粉 150 克，玉米淀粉 50 克，核桃仁 150 克，黄油 150 克，白糖 150 克，柠檬 25 克，酸奶油 100 克，色拉油 15 毫升。

【设备器具】

烤盘、蛋抽、油纸、细孔滤网、搅拌机、抹刀、饼铲、甜品盘、蛋刷。

【制作方法】

（1）烤盘内放油纸一张，用蛋刷刷上油，撒玉米淀粉。

（2）核桃仁开水煮后去皮，入烤炉烤干备用。

（3）搅拌机内放入蛋白打发，然后加入糖粉打发至膏体光滑后加入核桃仁、玉米淀粉混合，抹在烤盘内，入炉低温烤至蛋白酥脆即可。

（4）汤锅内放入白糖、水、柠檬熬制成糖浆备用。

（5）搅拌机内放入黄油打发、起泡，加入糖浆制成黄油奶油。

（6）取出蛋白酥，抹一层黄油奶油，再放一片蛋白酥、抹黄油奶油，最上面再放上一片蛋白酥，表面抹黄油奶油，做装饰花纹，放上烤好的核桃仁作装饰即可。食用的时候可配酸奶油。

【技术要点】

（1）蛋白打发第一阶段会产气，加糖粉后第二阶段为定型，所以二次打发都必须充分。

（2）成品烤制时，只需低温即可把蛋白烤酥、烤脆。

【质量标准】

蛋白酥脆，香甜味美，核桃仁鲜美，奶油独特。

【酒水搭配】

此款甜品适合搭配红茶或果酒类。

十二、杏仁薄脆配草莓吉士奶油（Almond crispy with custard cream）

【原料】（成品 4 人份）

黄油 40 克，蛋白 60 克，面粉 60 克，糖粉 50 克，杏仁片 100 克，草莓 500 克，速溶吉士粉 150 克，甜奶油 100 毫升，薄荷叶 4 片，杏仁霜 10 克，草莓果酱汁 50 毫升。

【设备器具】

烤盘、烤布、蛋刷、蛋抽、不锈钢盆、甜品盘、细孔滤网、裱花袋、花嘴、抹刀。

【制作方法】

（1）不锈钢盆内放入熔化的黄油，加入蛋白搅拌均匀，加入面粉、糖粉、杏仁片混合均匀，再用抹刀把杏仁糊涂抹在烤布上，入烤炉烤至色泽金黄即可。

（2）速溶吉士粉加开水调好，然后加入打发的甜奶油备用。

（3）甜品盘内放上草莓丁，然后放上一片杏仁薄脆，中间挤上吉士奶油酱，四周放草莓丁，再放上一片杏仁薄脆，中间挤吉士奶油酱，四周放草莓丁，最上面再放一片薄脆，挤奶油花，撒杏仁霜，装饰薄荷叶即可。

（4）最终的甜品四周淋草莓果酱汁即可。

【技术要点】

烤杏仁薄脆的时候注意掌握烤制温度要均匀，才能做到成品颜色金黄、质地酥脆。

【质量标准】

杏仁酥脆，草莓鲜美，色泽艳丽，口感酸甜。

【酒水搭配】

此款甜品适合搭配红茶或咖啡。

课后拓展与思考

（1）西餐餐后甜品品质鉴别的标准和方法是什么？

（2）西餐餐后甜品原料通常适用于哪种烹调方法，在甜品制作过程中应用的原则和技巧是什么？

（3）西餐常见的餐后甜品少司有哪几种？分别有什么特点？制作工艺和要领是什么？

（4）请用中英文列出西餐中常见甜品的制作工艺，如原料、制作方法、制作要领和适用范围等。

主要参考文献

边疆，2006. 中国西餐食品市场的发展对调味品的需求分析 [J]. 中国调味品，323 (01).

高海薇，2008. 西餐工艺 [M]. 北京：中国轻工业出版社.

郭亚东，王美萍，2005. 西式烹饪工艺与实训 [M]. 北京：中国劳动社会保障出版社.

郭亚东，2003. 西餐工艺 [M]. 北京：高等教育出版社.

劳动和社会保障部，中国就业培训技术指导中心，2001. 西式烹调师 [M]. 北京：中国劳动社会保障出版社.

李晓，2005. 自己动手做西餐 [M]. 成都：四川科学技术出版社.

李晓，2009. 西菜制作技术 [M]. 北京：科学出版社.

卢一，何江红，2012. 雪域美肴：百味牦牛肉食谱 [M]. 成都：四川科学技术出版社.

吕懋国，李晓，2009. 西餐知识 [M]. 长春：东北师范大学出版社.

马素繁，2001. 川菜烹调技术 [M]. 成都：四川教育出版社.

史汉麟，刘嵬，魏永明，2011. 星级酒店精致西餐：冷头盘 [M]. 北京：化学工业出版社.

史汉麟，杨大成，郝杰，2011. 星级酒店精致西餐：热菜 [M]. 北京：化学工业出版社.

史汉麟，郑旭营，2011. 星级酒店精致西餐：主食 [M]. 北京：化学工业出版社.

图珊·萨玛，2007. 布尔乔亚饮食史 [M]. 广州：花城出版社.

韦恩·吉斯伦，2005. 专业烹饪 [M]. 大连：大连理工大学出版社.

阎红，2008. 烹饪调味应用手册 [M]. 北京：化学工业出版社.

MICHEL MAINCENT，1993. Cuisine de référence [M]. Paris：EDITIONS B P I.

PAUL BOCUSE，2012. The Complete Recipes [M]. Flammarion.

YANNIK MASSON，JEAN LUC DANJOU，2003. La Cuisine Professionnelle [M]. Paris：Delagrve EDITION.